W0069444

Tucki Kaiser

Artgerechte
Menschen Hundehaltung

Tipps zu Anschaffung, Erziehung und Pflege

Kynos Verlag

© 2015 KYNOS VERLAG Dr. Dieter Fleig GmbH
Konrad-Zuse-Straße 3 • D-54552 Nerdlen/Daun
Telefon: +49 (0) 6592 957389-0
Telefax: +49 (0) 6592 957389-20
www.kynos-verlag.de

Bildnachweis:
Alle Grafiken Heinz Grundel

Gedruckt in Lettland

ISBN 978-3-95464-046-1

 Mit dem Kauf dieses Buches unterstützen Sie die
Kynos Stiftung Hunde helfen Menschen
www.kynos-stiftung.de

Das Werk einschließlich aller seiner Teile ist urheberrechtlich geschützt.
Jede Verwertung außerhalb der engen Grenzen des Urheberrechtsgesetzes ist ohne
schriftliche Zustimmung des Verlages unzulässig und strafbar. Das gilt insbesondere
für Vervielfältigungen, Übersetzungen, Mikroverfilmungen und die Einspeicherung
und Verarbeitung in elektronischen Systemen.

Haftungsausschluss

Die Benutzung dieses Buches und die Umsetzung der darin enthaltenen Informationen erfolgt ausdrücklich auf
eigenes Risiko. Der Verlag und auch der Autor können für etwaige Unfälle und Schäden jeder Art, die sich bei
der Umsetzung von im Buch beschriebenen Vorgehensweisen ergeben, aus keinem Rechtsgrund eine Haftung
übernehmen. Rechts- und Schadenersatzansprüche sind ausgeschlossen. Das Werk inklusive aller Inhalte wurde
unter größter Sorgfalt erarbeitet. Dennoch können Druckfehler und Falschinformationen nicht vollständig ausgeschlossen werden. Der Verlag und auch der Autor übernehmen keine Haftung für die Aktualität, Richtigkeit
und Vollständigkeit der Inhalte des Buches, ebenso nicht für Druckfehler. Es kann keine juristische Verantwortung
sowie Haftung in irgendeiner Form für fehlerhafte Angaben und daraus entstandenen Folgen vom Verlag bzw.
Autor übernommen werden. Für die Inhalte von den in diesem Buch abgedruckten Internetseiten sind ausschließ-
lich die Betreiber der jeweiligen Internetseiten verantwortlich.

Inhaltsverzeichnis

Grußwort

Als Bürgermeister von Köln komme ich viel in der Stadt herum und bin in ständigem Kontakt zu den unterschiedlichsten Hunden und Menschen in der Kölner Innenstadt und in Deutz, also in meinem Bezirk, wo ich seit 1974 ununterbrochen lebe. Insofern, als ich dann mehrfach von verschiedenen Kölner Hunden gebeten worden war, mich des Ratgebers von Tucki Kaiser anzunehmen, den quasi zur Chefsache zu machen und mit einem Grußwort zu versehen, war mir das dann auch ein echtes Anliegen.

Ich weiß, dass viele Hunde davon träumen, sich einen oder gleich mehrere Menschen ins Haus zu holen, aber erfahrende Hunde wissen auch um die Probleme, die sich daraus ergeben können. Viele Hunde sehen dabei nämlich zunächst nur den Spaß, den treuen Begleiter, die Gelehrigkeit des Menschen und verkennen die damit verbundene zu investierende Zeit, die Eigensinnigkeit des Menschen, die Arbeit, die er macht.

Tucki Kaiser hat es wirklich geschafft, hierzu einen fundierten und praxisnahen Ratgeber zu schreiben – eine Pflichtlektüre für alle Hunde, die ihre Menschen artgerecht aufziehen, beschäftigen und umsorgen möchten.

Seine Erziehungsphilosophie gefällt mir dabei besonders: Sie ist nämlich konsequent gewaltfrei. Tucki Kaiser ist gegen die Verhundlichung von Menschen. Gewiss, er achtet auf die Einhaltung einer klaren Hierarchie. Aber er nimmt den Menschen nicht völlig ihre Rechte, sondern bindet sie geschickt in sein Rudel ein.

Hunden und Menschen wünsche ich deshalb viel Spaß bei der Lektüre des Buches und viel Erfolg bei der Umsetzung des Gelernten ganz im Sinne von Tucki Kaiser, der das Ziel des Buches trefflich so formuliert: Ein Beitrag zum besseren Gelingen so mancher Hund-Mensch Gemeinschaft.

Möge dies nicht nur, aber gerade auch hier in Köln gelingen.

Köln, im Herbst 2015
Andreas Hupke, Bürgermeister Köln Innenstadt

Über den Autor

Mein Name ist Tucki Kaiser, ich bin ein Kleinspitz und 5 Jahre alt.

Langjährige Erfahrung in der Zucht und Haltung von Menschen (ich bin Besitzer von drei weiblichen Menschen und drei männlichen Exemplaren der Rasse Kölner) haben mich dazu bewogen, ein Sachbuch mit dem Arbeitstitel „Der beste Freund des Hundes – Alles über die artgerechte Haltung von Menschen" zu schreiben. Kompakt und leicht verständlich gehe ich auf alles ein, was Menschenhalter wissen müssen. Ich hoffe, damit zum besseren Gelingen so mancher Hund-Mensch-Gemeinschaft beitragen zu können.

Ganz vielen Hunden und Menschen muss ich danken! Weil mein Mensch jetzt grad dauernd dazwischen schreit, zieh ich ihn vor, er will dem Statz (Regina Kaiser) Liebesgrüße zurufen!

Gut, jetzt ich: Andrea und Frank Tiggeler aus Mönchengladbach, wo ich herkomme und deren Züchtung mir ausgesprochen gut gelungen ist. Frau Helga Roggendorf, die das Buch von Anfang an kritisch begleitet und mit unzähligen Tipps versehen hat. Herrn Wilhelm Roggendorf für seelische und sonstige Unterstützung in allen Lebenslagen. Frau Rau und Frau Hilgers vom Kynos Verlag aus der Vulkaneifel für die emphatische und ständige Verbesserung des Buches. Frau Plessow und Frau Pietryga vom Buchcontact aus Berlin für eine unglaublich gute und engagierte Unterstützung! Dr. Birgitt Killersreiter aus Köln – meinem größten Fan. Herrn Pöppelmann Senior und Herrn Pöppelmann Junior aus Münster für genug Futter, um alle Kleinspitze Kölns ein Jahr ernähren zu können. Michael Brock, an dessen Dressur ich noch arbeiten muss – ich sage nur Füße vom Fressnapf runter! – und Desiree Kaiser, deren Dressur als ihr Herr und Meister bereits erfolgreich von mir abgeschlossen wurde. Danke Euch Allen!

Köln, im Frühjahr 2015
Der Autor

Kapitel 1

Was spricht für und was spricht gegen die Anschaffung eines Menschen? Was ist dabei zu berücksichtigen?

Die Anschaffung eines Menschen will wohl überlegt sein. Sie werden sich einer lebenslangen Verantwortung zu stellen haben, insbesondere, weil Menschen über 560 Jahre alt werden können*. Auf die sich daraus ergebende entsprechend ganz unterschiedliche Zeitwahrnehmung von Hund und Mensch gehe ich später noch gesondert ein.

Eine Folge davon ist: Der Mensch lernt viel langsamer als der Hund, dafür aber dann umso nachhaltiger.

Viele alltägliche Verhaltensweisen und Handhabungen des Alltages, die bereits ein Welpe nach wenigen Wochen beherrscht und dann lebenslänglich beibehält, brauchen beim Menschen deutlich länger als beim Hund, bis sie nachhaltig erlernt und gefestigt sind. Andererseits sind Menschen aber sehr gelehrig. Fachhunde gehen davon aus, dass Menschen mehr als 4000 (!) verschiedene Laute voneinander unterscheiden und den jeweiligen Alltagssituationen zuordnen können. Sicher können Sie davon ausgehen, dass Ihr Mensch die wichtigsten Grundregeln, die Sie ihm vermitteln werden, problemlos erlernen und verstehen wird – ob er sie dann auch immer befolgt, ist freilich mitunter eine ganz andere Frage. Menschen sind auf jeden Fall aber gut zu erziehen, lernen rasch zu gehorchen, können bis zu einem gewissen Grade

* Näheres dazu lesen Sie in Kapitel 10 zum Zeitgefühl des Menschen.

auch dressiert werden und beherrschen nach einer gewissen Zeit bei entsprechend liebevoller erzieherischer Geduld ihres Herrn und Meisters dann auch zahlreiche kleinere Kunststücke.

Mit dem Menschen haben Sie zeitlebens einen treuen Begleiter. Tollwütige Menschen, die Hunde schlagen, misshandeln oder aussetzen, sind die klare Ausnahme und dieses Verhalten wird sogar von den eigenen Artgenossen massiv geächtet. Ihnen muss aber auch klar sein, dass Sie mit der Anschaffung eines Menschen eine große Verantwortung übernehmen. Überprüfen Sie also kritisch, ob Sie sich dieser auch wirklich stellen können.

Wenn Sie Ihr Leben als freier unabhängiger und ungebundener Hund zum Wohle eines oder mehrerer Menschen aufgeben, verlieren Sie nämlich zwangsläufig viel von eben dieser Freiheit, Unabhängigkeit und Ungebundenheit.

*Sie werden sich Ihr Leben lang um Ihren
zweibeinigen Liebling kümmern müssen.
Auch wenn er sich noch so gelehrig und
selbstbewusst anstellt, er ist ohne Ihren Schutz
und Ihre Fürsorge auf sich allein gestellt nicht
überlebensfähig.*

Der Mensch kostet Zeit und bedarf intensiver Betreuung. Mit einem gelegentlichen Spaziergang oder einem beiläufigen Lecken und Schwanzwedeln ist es nicht getan. Wegen seines fehlenden Gefahrenbewusstseins und seiner Hilflosigkeit in der freien Wildbahn wird Ihr Mensch Sie fast täglich mit völlig unerwarteten Situationen konfrontieren, in die sich kein Hund jemals freiwillig begeben würde. Sie müssen ständig wachsam und geduldig sein, immer wieder Rückschläge hinnehmen, denn auch gut dressierte Menschen lernen nur langsam, bis notwendige Verhaltensweisen gefestigt sind und lassen sich immer wieder von äußeren Reizen und Einflüssen ablenken.

*Sie werden ständig von
einem Bellanfall in den
nächsten getrieben
werden. Aber es lohnt sich!*

Aber fast alle Menschenhalter sind sich einig: Wer einmal morgens mit einem Blick aus großen, treuen Menschenaugen begrüßt wurde, wer einmal nur die Hingebungsbereitschaft des Menschen, seine Treue, die komplette Ausrichtung seines Lebens an Ihre Bedürfnisse mit dem alleinigen Ziel, Ihnen zu gefallen, erlebt hat, wird auf den Menschen nicht mehr verzichten wollen. Der Mensch mag vieles nicht können, was dem Hund selbstverständlich ist oder er muss das mit enorm viel Aufwand und Hilfsmitteln versuchen, einigermaßen auf die Pfoten zu stellen – aber eines ist auch wahr: Kein Hund wird mit seinen Vorderpfoten einen anderen Hund so kraulen können wie ein Mensch und allein dieses Erlebnis – da sind sich alle Menschenhalter, die ich kenne, einig – wiegt die tägliche Arbeit und die tägliche Aufregung, die Ihr zweibeiniger Liebling Ihnen bescheren wird, mehr als auf.

Menschen kommen vor allem mit häufigen und schnellen Veränderungen nicht gut klar, sie brauchen ihre vertraute Umgebung und ihren streng strukturierten, von Überraschungen freien und geregelten Tagesablauf. Stellen Sie sich beim Halten eines Menschen also möglichst auf eine langfristige Bindung an einen Ort ein. Gelegentliche Hüttenwechsel sind Menschen wenigstens in jüngerem Alter noch zuzumuten, in der Regel braucht der Mensch aber die Geborgenheit einer festen Hütte.

Sie finden Menschen entweder in der freien Wildbahn oder in speziell dafür vom Menschen angelegten Begegnungsstätten. Diese Begegnungsstätten dienen dazu, dass potenziell zur Haltung geeignete Menschen sich bei ihren künftigen Menschenhaltern vorstellen kommen und sich bei diesen bewerben. Der Vorteil: Hierhin kommen in der Regel nur Menschen, die bereits den Wunsch entwickelt haben, ihr künftiges Leben in die Pfoten eines Hundes als ihren neuen Rudelführer zu legen und sich entsprechend unterzuordnen bereit sind. Begegnungen auf der freien Wildbahn sind da riskanter – es kann Ihnen passieren, dass Sie da auf Menschen treffen, die nach anfänglicher Begeisterung wieder versuchen, sich Ihrer Führung zu entziehen. Andererseits ist die Dankbarkeit und Gelehrigkeit des auf der freien Wildbahn gefundenen Menschen – wenn diese Hürde nachhaltig genommen wird – tendenziell groß und mit Knochen nicht aufzuwiegen.

> Generell ist aber die Auswahl des Menschen in einer Begegnungsstätte sicherer und Hunden, die primär auf Vorsicht und Sicherheit setzen, zu empfehlen.

Es gibt die unterschiedlichsten Begegnungsstätten – große mit unterschiedlichen Hunderassen, kleinere, meist auf eine Rasse konzentrierte oder noch kleinere auf eine Hundefamilie beschränkte.

Immer ist es aber so: Die Menschen kommen zu Ihnen und stellen sich Ihnen mit einem komplexen Unterwerfungsritual geprägt von intensiven Kopfbewegungen, heftigem Rudern mit den Vorderpfoten, in die Hocke gehen unter zeitweiser Aufgabe des sonst üblichen aufrechten Ganges und entzücktem Schnurren und Bellen vor.

> Warten Sie immer mit Ihrer endgültigen Entscheidung, bis der Mensch Ihnen ein Signal gibt, dass er sich bei Ihnen sicher und wohl fühlt. Das spart Ihnen später viel Arbeit und Kraft bei der Erziehung. Das Urvertrauen des Menschen in Sie ist die Basis für alles Weitere.

Geben Sie ihm das Gefühl, er hätte er Sie als Ihren Herrn und Meister ausgesucht. Sie merken das an seinem Blickkontakt mit anschließend geradezu überschwänglicher Freude und entzücktem Bellen, was phonetisch in etwa wie „guck mal wie süß er mag uns und nein wie er sich freut" klingt. Wenn Sie diesen Blickkontakt mit heftigem zustimmenden Schwanzwedeln und Auf- und Abhüpfen vor dem so ausgewählten Menschen erwidern, sind Sie als neues Mitglied im Kreis der Menschenhalter zu beglückwünschen.

Kapitel 2

Welcher Mensch passt zu mir? Wie wähle ich das richtige Alter und die richtige Rasse aus? Nehme ich einen oder gleich mehrere Menschen?

Es gibt die unterschiedlichsten Menschenrassen. Manche von ihnen werden nach ihrer ursprünglichen regionalen Herkunft bezeichnet. Demnach gibt es – um nur die bekanntesten zu nennen – Thüringer, Sachsen, Hessen und Saarländer, aber auch eher seltene Menschen wie den Buxtehuder oder den Mainzer.

Die einzelnen Menschenrassen unterscheiden sich nach Größe, Gewicht, Temperament, Fellwuchs und Fellfarbe. Von der Intelligenz, dem Charakter, der Lernfähigkeit und der Dressierbarkeit sind sie sich meist jedoch alle recht ähnlich. Es gibt zwar Menschenhalter, die nach jahrelangem Besitz eines Württembergers steif und fest behaupten, dass Badener völlig anders seien. Es kommt auch nicht allzu häufig vor, dass ein Hund, der über eine längere Zeit Bayern hielt, sich danach plötzlich ausgerechnet einen Franken anschafft. Wenn Sie sich aber etwas von der subjektiven Sicht eines in die Rasse seines zweibeinigen Lieblings vernarrten Menschenhalters lösen, werden Sie doch objektiv zu dem folgenden Ergebnis kommen: Die Unterschiede zwischen den einzelnen Rassen sind eher marginal und gegenüber dem jeweiligen individuellen Charakter des Menschen sicherlich zweitrangig – was allerdings nicht jeder Menschenhalter gerne über seinen Menschen hört.

Gewiss, es gibt sie trotz alledem, die Unterschiede, so klein sie auch sein mögen. Wenn Sie es lieber ruhig und gemächlich haben wollen, werden Sie sich eher für einen gemütlichen Westfalen als für einen quirligen Rheinländer entscheiden. Der freche Berliner wird sicherlich eine größere erzieherische Herausforderung darstellen als der eher vornehme – zurückhaltende Hamburger. Auch den anderen einzelnen Rassen lassen sich so bestimmte charakteristische Merkmale zuordnen.

Eine andere Frage ist, inwieweit Sie Menschen der gleichen Rasse anschaffen oder ob Sie unterschiedliche Rassen in Ihrer Menschenhütte halten.

In der Regel harmonieren Menschen gut miteinander. Sie sollten jetzt vielleicht nicht gerade Düsseldorfer und Kölner zusammen in einer Menschenhütte halten, aber im Normalfall müssen Sie bis auf Extremsituationen hier nicht mit Problemen rechnen. Die Harmonie funktioniert am besten, wenn Ihre Menschen gleichzeitig und nicht nacheinander in Ihre Hütte geholt werden und sich also vom ersten Tag an aneinander gewöhnen können. Das ist aber auch der Regelfall.

Meistens werden die Menschen, die Sie bei sich aufnehmen, ohnehin miteinander verwandt sein.

Das ist in jedem Fall für die weitere Erziehung und auch für die Kontinuität des späteren Zusammenlebens einfacher. Mit nicht miteinander verwandten Menschen in einer Menschenhütte zu leben, sollte sich daher eher auf Jungmenschen beschränken.

Es gibt dann noch spezielle Züchtungen, bei denen ganz bestimmte Eigenschaften herausgebildet werden und ganz bestimmte Anlagen dominieren. Diese sind das Ergebnis von Kreuzungen mit dem Ziel, sehr spezielle Menschentypen zu entwickeln. Es besteht hier allerdings mitunter die Gefahr einer Überzüchtung dergestalt, dass mit der Dominanz bestimmter Eigenschaften andere Eigenschaften zurückgebildet werden und verkümmern können.

Der ständig laut und intensiv bellende Politiker etwa wird ein ganz anderes Kommunikationsverhalten an den Tag legen als der eher strenge und rigorose Polizist. Mit einem Rockstar wird es Ihnen sicherlich niemals langweilig, wohingegen der Beamte etwas für Menschenhalter ist, die das geregelte, ruhige und bequeme Leben bevorzugen.

Bei diesen speziellen Menschenrassen ist also Vorsicht geboten und manche davon sind eher etwas für den erfahrenden Menschenhalter, als für den Hund, der zum ersten Mal einen Menschen hält.

Schließlich ist das richtige Alter des von Ihnen auszusuchenden Menschen von großer Bedeutung. Sie haben da vom Grundsatz her drei Möglichkeiten. Wenn Sie Ihren Menschen bereits im Welpenalter zu sich nehmen, wird er sich von Beginn an an Sie gewöhnen, mit Ihnen aufwachsen und mit Ihnen groß werden. Meist führt das zu besonders engen Bindungen und Sie begleiten seine Erziehung von Anfang an, was ein beträchtlicher, nicht zu unterschätzender Vorteil ist.

Nehmen Sie dagegen einen bereits erwachsenen Menschen zu sich, haben Sie zwar den Vorteil, dass er vieles von dem, was ein Welpe noch lernen muss, bereits beherrscht. Es besteht aber die Gefahr, dass er sich bei einem möglichen Vorbesitzer oder durch sein bisheriges Leben auf der freien Wildbahn Eigenschaften zugelegt hat, die Sie später stören werden und die ihm im Erwachsenenalter nur noch schwer abzugewöhnen sind.

Nehmen Sie dagegen einen älteren Menschen in Ihrer Hütte auf, werden Sie auf einen Gefährten stoßen, der deutlich weniger zur Rebellion neigt, weil er sich seine Pfoten bereits abgestoßen hat und der im Vergleich zu jüngeren Menschen deutlich mehr Zeit und auch Bereitschaft darauf verwenden wird, sich um Ihr Wohlbefinden zu kümmern.

Der ausgewachsene, aber noch junge Mensch im besten Erwachsenenalter stellt generell die größten Anforderungen an die Erziehung!

Bei der Frage schließlich, ob Sie einen oder gleich mehrere Menschen auf einmal zu sich nehmen, gilt als Faustregel: Wenn Sie sich unsicher sind, was an Arbeit auf Sie zukommt und wie diese zu bewältigen ist – fangen Sie mit einem oder höchstens zwei Menschen an, kalkulieren vorsorglich ein, dass diese Nachwuchs bekommen können, wodurch sich Ihr Rudel automatisch nach einer gewissen Zeit vergrößert, und steigern Sie sich dann nach und nach, je nachdem, wie weit Sie gehen möchten.

Die meisten Menschenhalter sind sich trotz der damit verbundenen Arbeit und des höheren Stresses darin einig, wenn sie die Erfahrung einmal machen durften, dass es nichts Schöneres gibt als eine Hütte voller Menschen!

Kapitel 3

Was muss ich unbedingt bei der Menschenhaltung beachten? Was sind die wichtigsten Grundregeln?

Vorweg – Sie werden mit Ihrem zweibeinigen Liebling viel Spaß haben!

Wenn er Sie mit seinen klugen Augen ansieht und wenn er auf seine possierlich – unbeholfene Art mit Ihnen zu spielen und zu raufen beginnt, werden Sie oftmals in bestimmten Situationen das Gefühl bekommen, Sie hätten einen Hund an Ihrer Seite. Viele spätere Enttäuschungen und Probleme resultieren aus genau dieser Fehleinschätzung. Gewiss, auch ein Mensch ist ein Säugetier, seine Verhaltensweisen mögen uns mitunter vertraut vorkommen, er ist intelligent und lernfähig, aber lassen Sie sich nicht dadurch dazu verführen, ihn zu überschätzen und vor allem Dingen vergessen Sie nie, dass uns ähnlich erscheinende Verhaltensweisen des Menschen keineswegs das Gleiche wie beim Hund bedeuten.

Ein zentraler Punkt, der Ihnen rasch auffallen wird, ist das völlig unterschiedliche Kommunikationsverhalten von Mensch und Hund.

Wegen ihres schlechten Geruchssinnes verzichten Menschen fast gänzlich auf den
Einsatz ihrer Nase und auf das
Beschnüffeln von Hunden und
Artgenossen und nehmen deshalb wesentliche Informationen

Das Bellen eines Menschen ist ein völlig anderes als das eines Hundes!

gar nicht erst auf. Durch ihre starke Reaktion auf optische Reize ist ihre Konzentration zudem stark beeinträchtigt und sie lassen sich häufig ablenken. Anders als Hunde erledigen Menschen deshalb viele Tätigkeiten nicht hintereinander und systematisch, sondern gleichzeitig und neigen zu sprunghaftem, unkoordiniertem Verhalten.

Menschen bellen zwar meist nur sehr leise, aber dafür ungemein viel. Darauf müssen Sie sich bei der Anschaffung eines Menschen unbedingt einstellen, mit der gewohnten Ruhe ist es damit nämlich endgültig vorbei!

Vor allem erwarten Menschen immer wieder Reaktionen auf ihr Bellen und bewegen sich dadurch in ständigen kommunikativen Endlosschleifen. Während Sie als Hund gewohnt sind, etwas nur einmal zu sagen, dies kurz und knapp auf den Punkt gebracht zu tun und vor allem nur im Bedarfsfall auf das Bellen anderer zu reagieren, hat der Mensch hier eine völlig andere Erwartungshaltung. Wenn Sie ihm beispielsweise auf ein Bellen, was phonetisch wie „Bleib" oder „Komm" klingt, durch eine abwartende oder auf ihn zugehende Haltung signalisieren, dass Sie seinen Wunsch verstanden haben, kann es Ihnen passieren, dass der Mensch in seiner Freude, etwas gelernt zu haben, dies immer wieder wiederholt und nicht versteht, dass Sie natürlich nur bleiben oder kommen, wenn es für Sie auch Sinn macht und Ihnen auch genehm ist – und ganz sicher nicht, nur weil Ihr Mensch gerade bellt!

Von Ihnen in solchen Situationen ignoriert zu werden, wird selbst dem gelehrigsten Menschen aufgrund seines eigenen Kommunikationsverhaltens immer unverständlich bleiben.

Wenn Ihr Mensch einen Laut von sich gibt, der phonetisch wie „Komm mit" klingt und einen Ausruf der Freude über einen bevorstehenden gemeinsamen Spaziergang darstellt, werden Sie das in der Regel honorieren, ihn loben und ihn auch begleiten. Das kann aber dazu führen, dass der Mensch in seiner Freude verstanden worden zu sein, nach Ihrer Rückkehr über Stunden hinweg immer wieder diesen Laut wiederholt, und da Sie das natürlich nach kurzer Zeit ignorieren und nicht zu ihm kommen werden, besteht die Gefahr, dass er enttäuscht und frustriert reagiert.

Umgekehrt erschreckt den Menschen lautes Bellen. Ein Knurren wird ihm sogar eine geradezu panische Angst einjagen. Zwar bellt der Mensch dann mitunter gerne zeitweise freudig laut mit, was phonetisch wie „Aus Hör endlich auf mit dem Lärm Platz gib jetzt sofort Ruhe" klingt, aber längeres lautes Bellen stresst ihn. Setzen Sie deshalb immer wieder Auszeiten, damit Ihr zweibeiniger Liebling zur Ruhe kommen kann und damit er nicht hyperaktiv wird.

Es gibt eigens zu Erziehungszwecken eingerichtete Menschenschulen, deren Besuch zumindest in den ersten zwei Jahren dringend empfohlen wird.

Hier treffen Sie mit anderen Menschenhaltern deren zweibeinige Lieblinge, die dann gemeinsam lernen, die Befehle des Hundes zu verstehen und zu befolgen und ihr Verhalten ihren Herren und Meistern anzupassen. Bei den dort ausgeführten Lernübungen haben die Menschen viel Spaß und stellen sich inspiriert von der Gruppenerfahrung dabei meist auch sehr gelehrig an.

In der Menschenhütte wird Ihr Mensch in Gegenwart von Artgenossen immer im Werben um Ihre Gunst diese als Rivalen verstehen und auch so behandeln. Menschen – vor allem Menschen unterschiedlichen Alters – überschlagen sich dabei regelrecht im Werben um Ihre Gunst. Ein ständiges Bellen, das phonetisch wie „Komm her komm mal zu mir" klingt, gepaart mit Demuts- und Unterwerfungsgesten und dem den anwesenden Artgenossen gegenüber demonstrativem Zustecken von Nahrungsvorräten an Sie ist die Folge hiervon. Hier ist dann die Souveränität des erfahrenden Menschenhalters gefordert.

> Verhalten Sie sich bei diesen Machtkämpfen unbedingt strikt neutral und bevorzugen Sie niemals einzelne Menschen aus Ihrem Rudel in Anwesenheit ihrer Artgenossen, sondern verteilen Sie Ihre Gunst gleichmäßig unter den Anwesenden.

Auf bestimmte Verhaltensweisen von Ihnen reagiert Ihr Mensch reflexartig, weshalb in der Literatur häufig auch vom Pawloschen Menschen gesprochen wird. Wenn Sie sich beispielsweise vor Ihren Menschen hinstellen oder Ihre Vorderpfoten auf seine Beine stellen, wird er augenblicklich damit beginnen, Sie zu kraulen. Ein auf den Rückenlegen wird ebenso automatisch zu einer Bauchmassage führen. Der Mensch ist mit seinen Vorderpfoten extrem geschickt und kann seine Krallen einzeln bewegen. Dadurch entsteht ein sehr angenehmer Massageeffekt.

Umgekehrt erwartet Ihr Mensch solche Zärtlichkeiten auch von Ihnen. Sobald er eine sitzende Haltung einnimmt, beinhaltet das immer automatisch die Aufforderung, damit zu beginnen, seine Vorderpfoten zu lecken. Dadurch, dass die menschliche Zunge gegenüber der des Hundes deutlich weniger entwickelt ist, tauschen Menschen solche Zärtlichkeiten nie mit ihren Artgenossen aus und werden sie auch Ihnen nicht zuteil kommen lassen, sondern begeben sich hierzu ganz in die Pfoten Ihres Herrn und Meisters.

Beachten Sie aber nur, dass der Mensch mit dieser Tätigkeit nicht von alleine aufhören wird und zudem ausgesprochen ausdauernd ist, wenn er einmal etwas Gelerntes in der Praxis umsetzen kann. Wenn Sie sich aber von ihm nach einer angemessenen Zeit entfernen, wird er das respektieren und nicht versuchen, Ihnen nachzueilen.

Kapitel 4

Über die Aufzucht und die Pflege von Menschen

Der Mensch ist eher wehleidig veranlagt. Gewiss, auch ein Hund reagiert vor allem auf Verletzungen, die ihn unerwartet treffen – beispielsweise, wenn Ihr zweibeiniger Liebling Ihnen in seinem toll-patschigen Eifer beim Spielen versehentlich auf den Schwanz tritt – mit einem kurzen Aufjaulen.

Der Mensch aber begnügt sich bei einer Verletzung – egal ob sie ihn vorbereitet oder unvorbereitet trifft – keineswegs nur mit einem kurzen Aufjaulen! Bei ihm dauern das Wehklagen und die Bewältigung seiner Verwundung deutlich länger als beim Hund. Er wird in solchen Momenten immer dafür Sorge tragen, dass nicht nur alle Artgenossen, die sich gerade in seiner Reichweite befinden, sondern insbesondere auch Sie als sein Herr und Meister sein Un-gemach auf das Ausführlichste und Intensivste mitbekommen und wird sich ausgiebig von Ihnen bedauern lassen.

Menschenwelpen jaulen bei Schmerzen zwar kürzer, aber dafür unangenehm laut. Ältere Menschen sind da leiser, aber dafür viel penetranter und beharrlicher. Die Folge ist, dass das Jammern, Wehklagen und Jaulen selbst bei kleineren Verletzungen über Stunden gehen kann, und egal wie schlimm oder wie harmlos die Verwundung auch sein mag, der betroffene Mensch wird Ihnen schnell und nachhaltig das Gefühl geben, dass sein Ungemach das Grauenhafteste ist, was ein Lebewesen seit Hundegedenken ertragen musste. Häufig bellen sich dabei der Mensch und seine Artgenossen während des Wehklagens leise an, was phonetisch in etwa klingt wie „Tut es denn noch sehr weh Schatz nein nein es geht schon."

Machen Sie sich niemals lustig über einen wehklagenden Menschen! Für ihn ist die Lage tatsächlich in seiner Pein ungeheuer dramatisch und er meint das in diesen Momenten dann wirklich ernst!

Vermutlich wegen ihrer Schmerzempfindlichkeit haben die Menschen im Laufe der Evolution deshalb ihren Schwanz verloren und stattdessen gelernt, ihre Gesichtsmuskeln zum Zeigen von Empfindungen zu nutzen – jeder Hund weiß, wie schmerzhaft ein versehentlicher Tritt auf den Schwanz sein kann und stellen Sie sich in einer ruhigen Minute mal vor, was in Ihrer Menschenhütte los wäre, wenn dies bei seiner Wehleidigkeit Ihrem zweibeinigen Liebling passieren würde!

Der Mensch hat einen extrem stark entwickelten Waschzwang, auf dessen Hintergründe ich gleich noch näher eingehen werde. Er wäscht dabei keineswegs nur sein Gesicht und sein Kopffell, sondern er schneidet auch noch unbegreiflicherweise sein ohnehin schon spärliches Fell ab, wenn es – wie bei Rüdchen häufig zu beobachten – im Gesicht zu sprießen beginnt. Die Weibchen beklagen nicht minder unbegreiflich Fellwuchs eher an Vorderpfoten und Hinterläufen und werden dabei aber nicht minder hysterisch aktiv.

Als sei das noch nicht genug, legt der Mensch sich zum Waschen häufig in mit Wasser gefüllte Wannen oder stellt sich unter einen von oben kommenden Wasserstrahl. Er verwendet auch viel Zeit darauf, sich in Tücher und Felle zu hüllen und vor allem im Gesicht mit Farbe zu tarnen, bevor er die Menschenhütte verlässt – wobei ihm auch nach Jahren nicht beizubringen ist, dass die Tarnung ihm nur im Umgang mit Artgenossen etwas nützt, weil Ihr zweibeiniger Liebling wegen seines schlechten Geruchssinnes nicht berücksichtigt, dass er vom Hund natürlich nach wie vor gewittert werden kann.

Vielleicht liegt sein liebevoller Umgang mit seinem Fell daran, dass er so wenig Spuren davon an seinem Körper hat. Auf jeden Fall pflegt der Mensch das Wenige, was da ist und er nicht abschneidet, hingebungsvoll und vor allem Weibchen entwickeln eine enorme Geschicklichkeit in der Arrangierung ihres Kopffelles.

Als Unterwerfungsgeste Ihnen gegenüber als seinem Herrn und Meister wird Ihr Mensch regelmäßig versuchen, Sie in dieses Ritual mit einzubeziehen und Sie ebenfalls zu waschen und Ihr Fell zu schneiden und zu bürsten.

Der Umgang mit solchen Vorstößen Ihres Menschen hat sich im Zeitverlauf geändert. Früher verpönt und von den meisten Menschenhaltern strikt abgelehnt und teilweise sogar mit Bissen sanktioniert, hat sich inzwischen eine eher pädagogisch-wohlwollend duldende Position durchgesetzt.

Diese beinhaltet, Ihrem zweibeinigen Liebling den Spaß zu lassen und diese Huldigung als solche zu verstehen und auch zuzulassen. Weil dem Menschen wegen seines spärlichen Fells rasch kalt wird, trocknet er sich nach dem Waschen intensiv mit Tüchern ab. Bei Ihnen reicht es natürlich, wenn Sie sich nach einem solchen Waschgang ausgiebig Ihr Fell trocken schütteln.

Machen Sie das nie im Freien, sondern aus Respekt vor Ihrem Menschen grundsätzlich immer in der Hütte!

Nehmen Sie dazu am besten von Ihrem Menschen vorher sorgfältig ausgesuchte Stellen, die Sie daran erkennen, dass Ihr zweibeiniger Liebling Sie zuvor sorgsam geputzt und damit extra für Sie auf Ihre Ankunft vorbereitet hat.

Glücklicherweise kümmert sich der Mensch um seine Ernährung weitgehend selbstständig. Solange er Vorratslager in Ihrem Territorium findet, kann er sich dort problemlos selbst versorgen. Andere Artgenossen haben – vermutlich von Hunden angeleitet – die Jagd nämlich dann schon für ihn erledigt und seine Nahrung in bereits vorverpackte Päckchen abgefüllt. Auf die zeremonielle Art der Nahrungsvorbereitung vor dem Verzehr gehe ich nachher noch gesondert ein. Sie selbst müssen Ihrem Menschen in der Regel bei der Jagd also nicht helfen.

Bringen Sie Ihrem zweibeinigen Liebling trotzdem ab und zu eine Maus in die Menschenhütte und legen Sie ihm die ins Körbchen. Er wird seiner unbändigen Freude ob dieses Geschenkes mit lautem Bellen und heftigstem Rudern seiner Vorderpfoten Ausdruck verleihen!

Kapitel 5

Gesunde, artgerechte Haltung von Menschen und die wichtigsten Krankheiten

Der Mensch ist Gemischtköstler. Das bedeutet, dass er praktisch alles isst. Er verträgt trotzdem nur speziell für ihn zubereitete Nahrungsmittel. Es vergeht kein gemeinsamer Spaziergang, bei dem Sie sich nicht davon überzeugen können, dass Ihr Mensch all die vielen Leckereien, die Sie unterwegs finden, beschnüffeln und kosten, völlig unbeachtet liegen lässt.

Verweigern Sie ihm energisch – notfalls mit Knurren wenn es nicht anders geht – den Zutritt zu Ihrem Napf, außer er will diesen mit frischer Nahrung auffüllen. Es ist im ureigenen Interesse Ihres zweibeinigen Lieblings. Sein empfindlicher Magen verträgt keine Hundekost!

Geben Sie Ihrem Menschen deshalb niemals etwas von Ihrem Futter ab!

Achten Sie ansonsten darauf, dass Ihr Mensch es in der Menschenhütte schön behaglich hat. Wärmen Sie seine diversen Körbchen, die überall in der Hütte verteilt herumstehen, mit Ihrem Körper an und legen Sie sich, wann immer sich die Gelegenheit bietet, auf die Tücher und Felle, mit denen der Mensch sich bekleidet und die er häufig überall in der Hütte verstreut herumliegen lässt, damit Sie diese in Besitz nehmen können und damit er auf dem Wege Ihren Geruch aufnehmen kann.

Außer Krankheiten und Beeinträchtigungen, die sich genau wie beim Hund auch einfach aus fortschreitenden Alter ergeben, lassen sich mögliche Erkrankungen Ihres Menschen in einige wichtige Hauptkategorien einteilen:

Es kann sein, dass sich Ihr zweibeiniger Liebling seelisch oder körperlich übernommen hat und dann Erschöpfungssymptome aufweist. Die Folge davon wird sein, dass er matt in seinem Körbchen liegen bleibt, zu nichts Lust hat und zu nichts zu gebrauchen ist. In solchen Phasen kann es sein, dass ihm selbst die Nahrungsaufnahme zu anstrengend wird.

Springen Sie mit betonter Fröhlichkeit und am besten noch begleitet von heftigem Hecheln und intensivem Schwanzwedeln in sein Körbchen!

Der Mensch hat beachtliche Selbstheilungskräfte, braucht aber zu deren Aktivierung unbedingt die intensive Aufmunterung des Hundes. Wenn Sie über seinen Zustand besorgt sind, lassen Sie sich dies keinesfalls anmerken – der Mensch registriert das nämlich stärker, als Sie ahnen. Dies wird seine ohne bereits vorhandene Neigung zur Wehleidigkeit noch verstärken!

Legen Sie sich zu Ihrem Menschen, schmiegen Sie sich eng an ihn und wärmen Sie ihn mit Ihrem Körper. Erfrischen Sie ihn durch Abschlecken seines Gesichtes.

Beginnen Sie mit der Stirn und arbeiten Sie sich dann über die Nase bis zum Kinn vor. Nehmen Sie sich dafür Zeit! Erst, wenn Ihr Mensch wieder aufsteht, können Sie von einem erfolgreichen Heilungsprozess ausgehen. Beobachten Sie Ihren Menschen aber vorsorglich noch eine Weile für den Fall eines möglichen Rückfalls. Wenn er die Menschenleine holt und mit Ihnen einen gemeinsamen Spaziergang unternimmt, können Sie aber von einer nachhaltigen Genesung ausgehen.

Anders als der Hund kennt der Mensch häufig nicht seine körperlichen Grenzen und kann sich deshalb im Spiel, wenn er nicht rechtzeitig gestoppt wird, völlig verausgaben. Eine solche völlige, weit über die normale Erschöpfung hinausgehende Überanstrengung Ihres Menschen erkennen Sie daran, dass sein Puls sehr schnell geht, sein Gesicht sich weiß oder rot verfärbt, er versucht, heftig wie Sie zu hecheln und sein Atem rasch und unregelmäßig geht. Häufig wird dies von starkem Schwitzen begleitet. Wenn der Mensch schwitzt, riecht das sehr angenehm! Wenn Sie ihn dann mit systematischem Abschlecken zu behandeln beginnen, hat der beim Schwitzen des Menschen auftretende starke Salzgeschmack etwas sehr Würziges. Es gibt deshalb ganz raffinierte, erfahrende Menschenhalter, die in diesen Fällen nicht nur bereitwillig erste

Hilfe leisten, sondern auf solche Gelegenheiten regelrecht zu lauern scheinen. Das Schwitzen des Menschen ist darauf zurückzuführen, dass er kein Fell hat und seine Fähigkeit zum Hecheln trotz aller Nachahmungsversuche in der Not sehr begrenzt ist. In diesen Fällen gilt als erste Maßnahme:

> Legen Sie sich zu Ihrem Menschen, schmiegen Sie sich eng an ihn und wärmen Sie ihn mit Ihrem Körper. Erfrischen Sie ihn durch Abschlecken seines Gesichtes.

Dadurch, dass Ihr zweibeiniger Liebling kein Fell hat – bis auf spärliche Reste an Kopf und Bauch – ist er besonders anfällig für Erkältungen, die in den ersten Tagen von heftigem Husten und Niesen begleitet werden, meistens dann aber nach ein paar Tagen wieder von alleine verschwinden. Ein typisches Erkennungsmerkmal ist die stark gerötete und trockene Nase Ihres zweibeinigen Lieblings. Erkältungen treten oft kombiniert mit Halsschmerzen, Ohrenschmerzen und Heiserkeit auf. Letzteres führt zu einem höchst merkwürdigen, krächzenden Bellgeräusch. Auch der erkältete Mensch wird auf das Bellen nicht verzichten. Wenn er aber trotzdem verzweifelt versucht, sich Ihnen verständlich zu machen, ist erhöhte Aufmerksamkeit des Hundes vonnöten, damit Ihr Mensch nicht wegen eines fehlendem Verstandenwerdens völlig verzweifelt. Als wirksame Behandlungsmethode wird empfohlen:

> Legen Sie sich zu Ihrem Menschen, schmiegen Sie sich eng an ihn und wärmen Sie ihn mit Ihrem Körper. Erfrischen Sie ihn durch Abschlecken seines Gesichtes.

Eine weitere Gefahr liegt in der Ernährung – weil Ihr Mensch häufig wild durcheinander isst und oft kein Gefühl dafür hat, was schädlich und was gesund für ihn ist und sich oftmals eher von der bunten Verpackung seiner Nahrungsvorräte als von deren Inhalt leiten lässt, kann es häufig zu Magenverstimmungen und Verdauungsproblemen kommen. Wenn Ihr Mensch gleichzeitig unter Stress steht und sich zu viel aufregt, können sich diese Symptome noch verstärken. Wie können Sie dieses Leiden behandeln?

Legen Sie sich zu Ihrem Menschen, schmiegen Sie sich eng an ihn und wärmen Sie ihn mit Ihrem Körper. Erfrischen Sie ihn durch Abschlecken seines Gesichtes.

Sie werden sich daran gewöhnen müssen, dass Ihr Mensch wegen seines aufrechten Ganges und seiner Tollpatschigkeit – verstärkt noch durch Konzentrationsprobleme, weil er sich vor allem von optischen Reizen immer wieder stark ablenken lässt – gegenüber Verletzungen wie Brüchen und Prellungen sehr gefährdet ist. Er verbindet seine Wunden dann aber meist selbst oder lässt dies seine Artgenossen tun. Sie selber können allerdings ebenfalls wichtige Beiträge zur ersten Hilfe leisten:

Legen Sie sich zu Ihrem Menschen, schmiegen Sie sich eng an ihn und wärmen Sie ihn mit Ihrem Körper. Erfrischen Sie ihn durch Abschlecken seines Gesichtes.

Ebenfalls aufgrund der ständigen Überflutung mit optischen Reizen, die oft auch mit viel Lärm kombiniert sind, kommt es beim Menschen häufig zu Kopfschmerzen. Diese dauern meist nicht sehr lange und gehen nach einer längeren Ruhephase dann auch von alleine wieder weg. Sie erkennen dieses Leiden daran, dass sich Ihr Mensch von sich aus in ruhige, abgedunkelte Räume zurückzieht. Dies soll Sie aber keineswegs davon abhalten, ihn bei seiner Genesung zu unterstützen:

> Legen Sie sich zu Ihrem Menschen, schmiegen Sie sich eng an ihn und wärmen Sie ihn mit Ihrem Körper. Erfrischen Sie ihn durch Abschlecken seines Gesichtes.

Seine schlechten und sehr empfindlichen Zähne beeinträchtigen den Menschen nicht nur beim Essen und zwingen ihn, statt seiner Zähne zum Festhalten und Entfernen der unterschiedlichsten Dinge bevorzugt seine Vorderpfoten einzusetzen, sondern stellen auch eine ständige Quelle teilweise heftiger Schmerzen dar, die häufig von einem Anschwellen der Backe begleitet werden und auf die Ihr Mensch äußerst unleidlich reagiert. Es gibt zwar Artgenossen Ihres Menschen, die sich sogar deshalb auf die Heilung verletzter Zähne regelrecht spezialisiert haben, aber der Mensch hat vor diesen eine geradezu panische Angst und vermeidet es wenn eben möglich sie aufzusuchen. Oft werden Sie als sein Herr und Meister daher also in die Pflicht genommen werden:

> Legen Sie sich zu Ihrem Menschen, schmiegen Sie sich eng an ihn und wärmen Sie ihn mit Ihrem Körper. Erfrischen Sie ihn durch Abschlecken seines Gesichtes.

Außer einer klaren Hierarchie, ausreichend Auslauf und Beschäftigung sowie unbedingter Beaufsichtigung und nachhaltigem ständigen Schutz braucht Ihr zweibeiniger Liebling ansonsten wenig für ein glückliches Menschenleben! Wenn Sie ihm genügend Aufmerksamkeit und Zuwendung schenken, werden Sie das meiste instinktiv richtig machen – machen Sie sich also nicht zu viele Sorgen. Sie sind nicht der erste und nicht der letzte Menschenhalter in der Hundegeschichte!

Kapitel 6

Übergewichtigkeit und mangelnde Bewegung des Menschen – ein häufig auftretendes Problem und was man dagegen tun kann

Es gibt natürlich auch bei uns Ausnahmen – aber in der Regel essen Hunde nur so viel und so lange, bis sie satt sind und achten auf regelmäßige Bewegung. Nicht so der Mensch.

Übertragen Sie deshalb Ihre Essgewohnheiten nicht auf Ihren Menschen: Sie werden sonst eine böse Überraschung erleben!

Bevor der Mensch vom Hund domestiziert wurde, hatte er auf der freien Wildbahn aufgrund seiner körperlichen Handicaps größte Probleme, nicht zu verhungern. Seine schlechten Zähne – die zwar schön anzusehen sind und von ihm auch sorgfältig täglich gereinigt werden, sein aufrechter Gang, der seine Beweglichkeit und Lauffähigkeit und nicht zuletzt auch seine Geschwindigkeit erheblich beeinträchtigt, sein verglichen mit dem Hund schlechtes Gehör und sein noch schlechterer Geruchssinn – all das machte dem in der Wildnis lebenden Menschen das Jagen ungemein schwer. Der Mensch ist zwar Gemischtköstler, aber Pflanzen und Gemüse werden noch heute von dem Menschen einem extrem umständlichen Ritual – bestehend aus Waschen, Kochen und Würzen – vor dem Verzehr unterzogen, was Zeit und Kraft kostet und auch hier die Nahrungsaufnahme erheblich verkompliziert.

Das Ergebnis dieser Benachteiligung war, dass der Mensch schon frühzeitig in seiner Entwicklung die Nähe zum Hund suchte und darüber hinaus in Gruppen und mit Werkzeugen auf die Jagd und auf die Futtersuche gehen musste, um überhaupt etwas zu essen zu bekommen. Aus dieser Not heraus hat der Mensch im Laufe seiner Entwicklung gelernt, gigantische und überall verstreute Lager anzulegen, aus denen er sich heutzutage unbegrenzt Nahrung holen kann. Aber die Todesangst, zu verhungern, ist immer noch tief verwurzelt im Menschen und genetisch festgelegt. Daraus ergibt sich anders als beim Hund, dass das Essen für den Menschen auch heute noch eine ganz besondere regelrecht zelebrierte Handlung darstellt.

Es ist wichtig, dass Sie das sich hieraus ergebende absonderliche Verhalten Ihres Menschen richtig verstehen.

Auch heute noch isst der Mensch oft in Gruppen und macht die Nahrungsaufnahme zu einem rituellen Akt, indem eine eigens hierfür entwickelte in etwa halber Körperhöhe aufgestellte Platte vor dem Verzehr der Nahrung aufwändig dekoriert und vorbereitet wird. Auch die Nahrung selber erfährt vor dem Verzehr eine intensive Vorbehandlung.

Viele Menschen sind deshalb übergewichtig und leiden an sich daraus ergebenden Krankheiten. Zudem isst der Mensch nicht etwa nur, wenn er Hunger hat. Er isst genauso aus Langeweile oder unter

Der Mensch wird - wenn er Nahrung hat - immer weiter essen, wenn Sie nicht auf ihn achten!

Stress. Selbst beim Dösen und Ausruhen nimmt er Nahrung zu sich. Seine Vorräte vergräbt er nicht, sondern hortet sie in für ihn leicht erreichbaren Kästen in speziell dafür eingerichteten Räumen. Weil der Mensch besonders auf optische Reize reagiert, wird das Essen vor dem Verzehr noch bunt und aufwändig verpackt und dann wieder ausgepackt. Auch das gehört untrennbar zum Ritual der Nahrungsaufnahme.

Der Mensch wird Ihnen anlässlich des Besuchs der erwähnten Vorratslager meistens ausreichend Nahrung mitbringen und aufgrund seines angeborenen Instinktes wird er nie vergessen, Ihren Napf regelmäßig mit Wasser und Futter zu füllen. Allerdings verzichtet er Ihnen gegenüber interessanterweise auf Überdosierungen – instinktiv erkennt er vermutlich seine Schwäche und überträgt sie aus einem Schutzbedürfnis heraus nicht auf Sie.

Erschwerend kommt hinzu, dass der Mensch eher faul und antriebsarm ist, den größten Teil des Tages in der Menschenhütte sitzt und vor sich hin döst. Achten Sie deshalb darauf, dass Ihr Liebling immer ausreichend Bewegung hat. Im Einzelnen gehe ich später noch auf die ge-

Tragen Sie der Urangst des Menschen Rechnung, indem Sie niemals versuchen, ihm sein Essen wegzunehmen oder heimlich seinen Napf zu leeren. Der Mensch reagiert darauf ausgesprochen panisch und aggressiv!

meinsamen Spaziergänge ein, aber ermutigen Sie Ihren Menschen, mehrmals täglich mit Ihnen ins Freie zu gehen. Loben Sie den Menschen durch intensives Auf-und Abspringen und heftiges Wedeln mit dem Schwanz, wenn er Ihrer Aufforderung Folge leistet und vor allem, wenn er selber die Initiative ergreift. Sie können dabei gar nicht überschwänglich genug sein!

Aufgrund seiner natürlichen Bequemlichkeit nutzt der Mensch zur Fortbewegung gerne fahrbare Hilfsmittel. Wenn es sich dabei um nicht motorisierte Fahrräder handelt, ist das soweit in Ordnung und Sie sollten ihm das dann auch gestatten. Es ist auf jeden Fall besser, als wenn er sich nicht bewegt.

Der Mensch hat kein Gefühl für die Gefahr, wenn sich solche Fahrräder plötzlich wie aus dem Nichts fast lautlos auf ihn zubewegen. Warnen Sie Ihren Menschen vor dieser Bedrohung durch energisches Bellen und vertreiben Sie den herannahenden Feind. Er wird sich daraufhin schnellstens zurückziehen und das Weite suchen. Ihr Mensch wird aber meistens gar nicht die Gefahr, vor der Sie ihn bewahrt haben, realisieren. Rechnen Sie also nicht mit Dankbarkeitsbezeugungen.

Wenn Ihr Mensch motorisierte Fahrzeuge benutzt, haben diese meistens ausreichend Platz, dass Sie mitfahren können. Achten Sie durch lautes Jaulen und mit hoher Stimme darauf, dass der Mensch unterwegs regelmäßig anhält, um sich die Beine zu vertreten. Jaulen und hohe Stimme deshalb, weil Ihr Mensch beim einfachen Bellen Ihre Absicht nicht versteht und denkt, Sie würden sich lediglich mit vorbeieilenden Hunden unterhalten. Verleihen Sie Ihrer Aufforderung aber nur im äußersten Notfall durch das Heben Ihres Beines Nachdruck. Der Mensch reagiert darauf mit panischem lautem Bellen und Sie erschrecken ihn damit.

Kapitel 7

Der Mensch als bester Freund des Hundes – wie Menschen sich verhalten und was Sie zwingend beachten müssen

Viele Verhaltensweisen des Menschen sind den unsrigen so ähnlich, dass die Versuchung, den Mensch zu verhundlichen, eine große und ständige Herausforderung bei seiner Erziehung ist. Bei näherer Betrachtung gibt es aber wesentliche Unterschiede zwischen Hund und Mensch, die Sie zwingend beachten müssen.

Ein Hund wird immer sein Territorium offensiv markieren und es genauso offensiv verteidigen. Der Mensch traut sich dies bestenfalls unter Ihrem Schutz. Geprägt durch seine körperlichen Defizite wird er viel stärker als Sie versuchen, sich in der Umwelt durch Beschwichtigen seiner potenziellen Feinde – auch seiner Artgenossen – mit Hilfe von Tributen und Geschenken und durch sich Verstecken zu schützen. Typische Beispiele im Umgang mit Artgenossen: Rüdchen bringen Weibchen bei einer Begegnung in deren Hütte häufig vorher ausgerissene Pflanzen aus dafür eigens angelegten Vorratslagern mit. Besucher Ihres Menschen werden Sie als seinen Herrn und Meister meist durch feierliche Übergabe von getrocknetem Fleisch bei der Begrüßung zu beschwichtigen suchen.

Das sich Verstecken gegenüber Artgenossen wird dadurch begünstigt, dass der Mensch wegen seines schlechten Geruchssinnes und wegen seiner Konzentration auf optische und akustische Reize natürlich andere Möglichkeiten als Sie als Hund hat, weil er sich und andere nur sehr begrenzt wittern kann.

Wenn sich ein ungebetener Besucher durch laute Klingelgeräusche ankündigt, versteckt der Mensch sich zunächst hinter der Tür und schaut ängstlich durch ein kleines, eigens dafür angebrachtes Loch nach draußen, um den Besucher vor Einlass in die Hütte zu identifizieren oder um sich im Anschluss in der Hütte zu verstecken, ohne ihm Einlass zu gewähren. Der Mensch reagiert aber auf Ihr energisches Bellen, mit dem Sie dem gescheiterten Eindringling dessen Situation klarmachen, aus seiner Angst heraus nicht etwa dankbar erleichtert, sondern oft regelrecht panisch.Häufig nehmen Menschen untereinander auch durch reines sich Anbellen Kontakt auf, ohne sich dabei zu sehen, wozu sie kleine rechteckige Gegenstände benutzen, die den Kontakt durch Klingelgeräusche ankündigen. Auch hier wird Ihr Mensch bevor er den Kontakt aufnimmt, immer erst nervös den Gegenstand anschauen, um vorher herauszufinden, wer ihn gerade anbellt, statt einfach – wie Sie als Hund das täten – zurück zu bellen.

Dieser von Urängsten geprägte Wunsch, sich zu verstecken, beginnt morgens damit, dass der Mensch sehr viel Zeit damit verbringt, seine nächtlichen Gerüche mit Wasser abzuspülen und vor allem Zähne und Pfoten durch intensives Putzen von solchen Gerüchen befreien will. Der Mensch kann mit seiner Zunge nur einen begrenzten Teil seines Gesichtes und seines Körpers erreichen und traut sich niemals, seine Zunge zur Erkundung einer fremden Umgebung einzusetzen. Nur vorher sorgfältig ausgesuchte, getestete und aufwändig vorbereitete Nahrungsvorräte werden mit der Zunge berührt. Ansonsten werden nur Liebesbekundungen zwischen Artgenossen mit der Zunge vorgenommen.

Als Hund müssen Sie zeitlebens akzeptieren, vom Menschen nicht geleckt zu werden.

Seien Sie Ihrem zweibeinigen Liebling deshalb nicht böse, er kann nicht anders. Wenn Sie Ihren Menschen beim morgendlichen Reinigen beispielsweise durch Lecken seines Gesichtes unterstützen wollen, führt das in der Regel zu panischen

Abwehrreaktionen. Der Mensch hat nämlich Angst, Ihren Geruch anzunehmen und dadurch aufzufallen. Das Waschen hat bei ihm immer die Nebenfunktion, sich dadurch zu tarnen. Weibchen bemalen sogar mitunter ihr Gesicht mit Tarnfarben, bevor sie sich trauen, die Menschenhütte zu verlassen. Auch unterwegs wird der Mensch immer bestrebt sein, alles zu tun, um zu erschweren, dass man ihn wittert.

Beachten Sie, dass der Mensch wegen seines schlechten Geruchssinnes kein Gespür für den begrenzten Erfolg dieser Maßnahmen hat! Verhöhnen Sie ihn also deshalb nicht.

Ein weiteres Problem, mit dem der Mensch sich anders als Sie tagtäglich intensiv beschäftigen muss, ist, dass er kaum Fell besitzt. Lediglich die Rüdchen haben dünne Fellreste an Rücken, Beinen und Bauch, selten im Gesicht und nur in jüngeren Lebensjahren auf dem Kopf. Weibchen haben zwar häufig deutlich mehr und deutlich längeres Fell auf dem Kopf, aber sind meistens dafür am restlichen Körper noch nackter als die Rüdchen.

Menschen hüllen sich deshalb nicht nur aus Gründen der bereits zuvor erwähnten Tarnung, sondern auch, um sich vor Kälte und Feuchtigkeit zu schützen, in Tücher, Leder und Felle. Weibchen und Rüdchen locken sich beim Balzverhalten damit auch gegenseitig an und verwenden diese künstlichen Felle auch, um ihre Position im Rudel oder bei besonderen Anlässen zu markieren.

Es kann vorkommen, dass Ihr Mensch versucht, dieses Verhalten auf Sie auszudehnen, indem er Ihnen ein solches Tuch umbinden will. Hier ist energischer und konsequenter Widerstand von Anfang an geboten! Lassen Sie sich nicht zum Menschen machen!

Menschen fühlen sich am besten, wenn sie in der Sicherheit eines möglichst großen Rudels von Artgenossen sind – anders als Sie fühlen sich Menschen selbst in unmittelbarer Nähe von Hunderten von Artgenossen noch wohl. Hier geht dann aber endgültig beim Menschen jedes Gefahrenbewusstsein verloren, weshalb solche Anlässe immer einen großen Stress für Sie als Hund bedeuten. Sie können noch so viel knurren und bellen, Ihr Mensch wird meistens gar nicht bemerken, vor wieviel Gefahren Sie ihn am Ende einer solchen Massenbegegnung bewahrt haben werden!

Im Gegensatz zum Hund macht der Mensch viel mit dem Minenspiel seines Gesichtes.

Die richtige Deutung des Minenspiels setzt langjährige Erfahrung in der Haltung von Menschen voraus und ist äußerst kompliziert. Der Mensch versucht damit sein großes Manko auszugleichen, dass er keinen Schwanz am Hinterteil hat, mit dem er wedeln oder den er aufrichten kann und dass er ebenso wenig das Anlegen oder Aufstellen seiner Ohren beherrscht. Wichtig: Das geöffnete Maul des Menschen stellt kein Hecheln dar! Diese Fähigkeit beherrscht der Mensch überhaupt nicht, weshalb er bei Anstrengungen stark schwitzt.

Ein untrügliches Zeichen von Freude ist beim Menschen, wenn er die Zähne entblößt und dabei die Maulwinkel weit auseinanderzieht. Verwechseln Sie diese Geste deshalb trotz optischer Gemeinsamkeiten nicht mit dem Zähnefletschen eines Hundes! Sie hat eine ganz andere Bedeutung als bei uns, solange der Gesichtsausdruck des Menschen dabei entspannt bleibt.

Einen zornigen Menschen erkennen Sie meist an der rötlichen Verfärbung seines Gesichtes, welches dabei zugleich in der oberen Gesichtshälfte zu Falten zusammen gezogen wird. Ein zorniger Mensch kann aber dummerweise seinen Unmut auch genau umgekehrt dadurch ausdrücken, dass sein Gesicht eine weiße Farbe annimmt und seine Gesichtsmuskeln ganz starr werden. Ein unbeweglicher Gesichtsausdruck Ihres Menschen heißt also keineswegs zwingend, dass er gerade guter Laune ist. Und wie wir später noch lernen werden, kann ein rotes Gesicht auch eine ganz andere Bedeutung als die des Zornes haben – das Verstehen des menschlichen Gemütszustandes bedarf also einer gewissen Geduld und Erfahrung!

Mitunter kann es auch passieren, dass das Minenspiel des Menschen sogar völlig widersprüchlich zu seinem aktuellen Gemütszustand verläuft. Ein typisches Beispiel – was ich immer wieder bei gemeinsamen Spaziergängen mit meinen Menschen erlebe – ist, dass, wenn ich einen fremden Menschen durch energisches Bellen auffordere, den Ort sofort zu verlassen, dieser trotz Panik und trotz Schock begleitet von lautem Bellen, das phonetisch in etwa klingt wie „Guck mal der Kleinspitz wie süß und wie frech der ist der denkt bestimmt er sei ein Dobermann" nichtsdestotrotz einen Gesichtsausdruck annimmt, den ein unerfahrener Menschenhalter als Zeichen größter Heiterkeit fehlinterpretieren würde.

Sie müssen bei der richtigen Einschätzung des Minenspiels Ihres Menschen in jedem Fall die Tonlage seines Bellens und die übrige Körpersprache mit berücksichtigen. Sie werden aber nach einer gewissen Zeit intuitiv zu den richtigen Deutungen kommen. Wenn Sie unsicher sind, setzen Sie sich geduldig vor Ihren Menschen und zwingen ihn über einen längeren Blickkontakt, sich klarer zu artikulieren. Wedeln Sie dabei mit dem Schwanz – auch und gerade, wenn er wütend oder aufgeregt ist – um ihn zu beruhigen und um ihm zu zeigen, dass Sie ihm gut gesinnt sind. Der Mensch wird erfreulicherweise immer wieder und mit beträchtlicher Ausdauer aufs Neue versuchen, sich Ihnen verständlich zu machen. Insofern kommen Sie hier letztlich mit Geduld immer zum Ziel.

Der Mensch ist auf jeden Fall der beste Freund des Hundes. Bei geduldiger und vor allem liebevoller Dressur wird er Sie bereitwillig zu seinem Lebensmittelpunkt machen und in der ihm eigenen ständig aufgeregten, aber immer sehr possierlichen Art Ihre Nähe suchen und sich auf seine Weise immer um Sie bemühen und versuchen, Ihr Wohlgefallen zu gewinnen.

Kapitel 8

Menschen im Welpenalter

Behandeln Sie den Menschenwelpen stets so, wie Sie auch selbst von ihm und seinen Artgenossen behandelt werden möchten!

Wenn Sie auf Menschen im Welpenalter treffen, müssen Sie besonders viel Geduld und Einfühlungsvermögen mitbringen, da Menschenwelpen gleichermaßen des Schutzes und der Nachsicht des Hundes bedürfen. Ihr Vorteil ist, dass Sie noch die später dem Menschen verlorengehende Fähigkeit, auf allen Vieren laufen zu können, besitzen. In der Regel kommen Menschenwelpen mit Hunden ausgesprochen gut klar, meist entstehen hieraus sogar enge Bindungen bis hin zu innigen Freundschaften.

Wenn Sie einem Menschenwelpen beispielsweise den Schnuller wegnehmen und ihn verbuddeln würden, würde der Welpe das in etwa genauso mögen wie Sie, wenn er mit Ihrem Lieblingsstofftier durchbrennen würde. Ihn in die Wade zu beißen wäre so, als würde er Ihnen ständig am Schwanz ziehen! Das Problem ist, dass ein Menschenwelpe sich weder artikulieren noch durch Zubeißen zur Wehr setzen kann. Er hat lediglich seine Vorderpfoten, mit denen er - noch dazu reichlich unbeholfen - um sich schlagen kann und allerdings seine Stimme. Menschenwelpen können nämlich extrem laut werden, wenn Ihnen etwas nicht behagt. Für normale Ohren klingt der Schrei eines Welpen äußerst laut und schrill. Vermeiden Sie deshalb unbedingt alles, um den Menschenwelpen zum Schreien zu bringen, insbesondere auch, weil es sehr lange dauern kann und meist das Intervenieren eines Ihrer erwachsenen Menschen erfordert, bis er sich wieder beruhigt hat.

Selbst wenn ein fremder Menschenwelpe auch noch so lieb und possierlich aussieht, seien Sie immer vorsichtig beim Erstkontakt. Sie wissen nicht, welche Erfahrungen er bislang mit Hunden gesammelt hat und wie er sich Ihnen gegenüber verhalten wird. Manche Menschenwelpen sind vorsichtig beim Spielen, andere sehr rau – aber verspielt sind sie alle. Während ältere Menschen bereits gelernt haben, Ihre Stellung als Rudelführer zu achten und niemals auf die Idee kämen, Sie wie einen Menschen zu behandeln, sind Welpen hier noch viel unbefangener.

Wenn ein Menschenwelpe in seinem Körbchen liegt und insbesondere wenn er schläft - wecken Sie ihn nicht und lassen Sie ihn in Ruhe!

Vermeiden Sie alles, was der Menschenwelpe als Bedrohung auffassen könnte. Menschenwelpen haben sich noch nicht an Rangordnungen und an ihren Platz hierin gewöhnt. Entsprechend unbefangen werden sie auf Sie zugehen. Sie werden bereitwillig mit Ihnen spielen, Ihnen aber nicht zwangsläufig gehorchen. Schauen Sie einem Welpen niemals starr in die Augen! Ausgewachsene Menschen machen das manchmal als Zeichen der Unterwürfigkeit

Ihnen gegenüber, um auf Ihre Befehle zu warten und werden den Blickkontakt erst abbrechen, wenn Sie sie aus der Situation entlassen, indem Sie huldvoll den Kopf abwenden. Welpen kennen dieses Verhalten noch nicht und es macht Ihnen folglich Angst.

Sie haben Ihre Zähne. Der Menschenwelpe hat nur seine Vorderpfoten. Wenn er mit Ihnen spielt und Sie machen ein Zerrspiel und er versucht zum Beispiel, ein Stofftier festzuhalten, wäre es für Sie ein Leichtes, das Spiel durch einen Biss in eine seiner Vorderpfoten sofort zu beenden.

> Setzen Sie im Spiel Ihre Zähne
> nur zum Festhalten und
> Zerren ein! Verschaffen Sie
> sich keinen unfairen Vorteil
> durch Zubeißen!

Weil der Menschenwelpe noch reichlich unbeholfen und tapsig ist, halten Sie beim Spielen immer Abstand zu seinen Vorderpfoten und Hinterläufen. Es kann sein, dass er plötzlich in der Begeisterung des Spielens und Raufens unkontrollierte Bewegungen macht, was ziemlich wehtun kann, weil er Kraft und Richtung von Tritten und Schlägen noch nicht richtig einschätzen kann.

Wenn Menschenwelpen untereinander streiten, mischen Sie sich niemals ein. Meistens geht der Streit nämlich ganz von alleine und ohne größeren Schaden anzurichten gut aus. Streitereien und Raufereien sind normal für die Entwicklungsphase größer werdender Welpen. Nur wenn die Lage wirklich zu eskalieren droht, holen Sie als Vermittler einen geeigneten Menschen aus Ihrem Rudel hinzu, vorzugsweise den in der Rangordnung Ihnen unmittelbar nachgestellten, der dann meist mit lautem Bellen und heftigem Wedeln seiner Vorderpfoten auf die Streithähne zueilen und schlichten wird. Lassen Sie das aber grundsätzlich jemand aus Ihrem Rudel machen, mischen Sie sich Ihrer Position entsprechend in diesen inneren Konflikt nicht ein.

Egal wie genervt oder überfordert Sie sich mitunter auch fühlen mögen – laufen Sie niemals vor einem Menschenwelpen davon! Er wird das völlig missverstehen und nicht als souveränes sich Zurückziehen des Rudelführers, sondern als Flucht vor ihm und damit als Unterwerfungsakt deuten. Einen so einmal falsch konditionierten Menschenwelpen wieder umzuerziehen ist ungeheuer schwierig.

Unterscheiden Sie fremde Welpen, die meist nur vorübergehend in Ihrer Hütte sind, von den eigenen Welpen Ihrer Menschen. Normal ist während der Aufzucht, dass sich die Eltern sehr stark auf Ihre Welpen konzentrieren.

Bringen Sie hierfür Geduld
und Verständnis auf!

Das wird sich alles wieder normalisieren und stellt Ihre Position als Herr und Meister nicht in Frage. Stellen Sie sich vielmehr der Verantwortung, übernehmen Sie Ihre Schutzaufgabe und bewachen Sie das Körbchen des Welpen künftig mit oberster Priorität!

Kapitel 9

Der Unterschied zwischen Stadt- und Landmenschen

Bei der Auswahl des geeigneten Menschen müssen Sie zwischen sogenannten Stadtmenschen und sogenannten Landmenschen unterscheiden. Wie der Name schon sagt, besteht der Unterschied im jeweiligen Lebensraum. Stadtmenschen sind ideal für Hunde, die Lärm und vielfältige Gerüche, Abwechslung und intensive Außenkontakte zu Hunden und Menschen lieben, aber es ansonsten eher gerne etwas bequemer haben. Wenn Sie dagegen die freie Natur und ausgedehnte Spaziergänge bevorzugen und es lieber etwas ruhiger angehen wollen, wenn Sie Freude an der Jagd haben oder Ihre Passion im Hüten von Schafen sehen, ist die Wahl eines Landmenschen für Sie die richtige Entscheidung.

Während der Landmensch sich im Alltag recht ähnlich wie Sie verhalten wird und sein Anpassungsverhalten an Sie folglich sehr ausgeprägt ist, ist das Verhalten des Stadtmenschen ob der vielen Menschen, die sich dort zu Fuß und motorisiert bewegen, sehr viel komplizierter und sein Anpassungsverhalten deutlich schlechter.

Stadtmenschen stellen für die Erziehung des Menschen eine wesentlich größere Herausforderung als bei Landmenschen dar. Das muss Ihnen von Anfang an bewusst sein!

In der Stadt nutzen Menschen, wenn sie unterwegs sind, Markierungspunkte, an denen sie warten, um anderen Menschen den Vortritt zu lassen – selbst wenn weit und breit keine anderen Menschen in diesem Moment zu sehen sind. Ihnen wird das unverständlich bleiben. Als Hund sollten Sie sich aber auf diese verschrobenen Eigenarten Ihrer Lieblinge unbedingt einstellen, da ansonsten mit massiven Panikattacken Ihrer Menschen zu rechnen ist.

Beide Typen Mensch haben aber in ihrem Verhalten wesentliche und von ihrem Lebensraum unabhängige Gemeinsamkeiten, die Sie richtig einzuordnen haben und bei deren Bewertung Sie zwingend auf eine Verhundlichung des Menschen verzichten sollten, um nicht zu folgenschweren Erziehungsfehlern zu gelangen.

Was für Sie als Hund eine alltägliche Selbstverständlichkeit darstellt, ist für den Menschen ein echtes Problem: Das beiläufige Markieren seines Reviers während des Spazierganges wird Ihr Mensch auch bei langjähriger und liebevoll geduldiger Dressur niemals beherrschen. Statt sein Bein zu heben, sichert er sein Revier durch umständlich gebaute Zäune und Mauern ab und aus diesem Grunde verzichtet er logischerweise aufgrund des damit verbundenen Aufwands unterwegs gänzlich darauf. Der Mensch ist damit nicht in der Lage, sich unterwegs zu markieren.

Merkwürdigerweise gibt es eine Ausnahme: In der Nähe von Gewässern ändert der Mensch nämlich sein Verhalten durch das Auslegen von Handtüchern oder durch das Nutzen von feuchtem Sand, mit dem er Mauern um sein Territorium zieht. Weil dem Menschen Gezeiten unbekannt sind, werden diese Sandmauern regelmäßig durch die hereinbrechende Flut zerstört, worauf der Mensch dank seiner Ausdauer allerdings unverdrossen mit dem Errichten von Sandmauern sofort wieder von vorne beginnen wird. Woher diese Abweichung von seinem üblichen Markierungsverhalten kommt, ist bis heute ein völliges Rätsel. Möglicherweise liegt der Bruch mit seinem sonstigen Verhaltensmuster in einer tief verwurzelten Angst vor Gewässern begründet.

Ähnlich umständlich verhält der Mensch sich auch beim Markieren des Revieres durch Scharren. Ein großer Teil der Menschen macht das allerdings überhaupt nicht. Diejenigen Menschen, die beim Spaziergang ihre Route durch Scharren mit den Hinterbeinen markieren, stecken hierzu erst einen länglichen Gegenstand in ihren Mund, zünden diesen dann an und lassen ihn langsam verbrennen. Wenn dieser Gegenstand fast ganz heruntergebrannt ist, werfen die Menschen ihn zu Boden und reiben ihn durch Scharren mit den Hinterbeinen in das Erdreich.

Versuchen Sie niemals den Markierungsgegenstand des Menschen auszubuddeln! Respektieren Sie diese Eigenschaft Ihres Menschen unter allen Umständen!

Nur in ganz seltenen Fällen wird Ihr Mensch seine Nahrungsvorräte oder seine Wertsachen verbuddeln. In den meisten Fällen legt er diese stattdessen in eigens hierfür errichtete Kästen ab, die durch das Drehen eines kleinen Metallröhrchens oder durch eine ein piepends Geräusch auslösende Druckbewegung auf eine kleine Kunststoffplatte verschlossen werden. Der Mensch wird sich hierbei Ihnen gegenüber völlig arglos verhalten. Es stört ihn nicht, wenn Sie ihn dabei beobachten.

Missbrauchen Sie dieses Vertrauen nicht, indem
Sie Ihrem Menschen seine Sachen wegnehmen.
Ganz sicher können Sie ihm sein Verhalten
dadurch nicht abgewöhnen! Es ist sinnlos, den
Menschen zur Vorsicht zu erziehen. Er wird
immer arglos und auf Ihren Schutz angewiesen
bleiben.

Umgekehrt sollten Sie beim Verbuddeln Ihrer Sachen darauf achten, dass Ihr Mensch das nicht mitbekommt. Menschen sind extrem neugierig und verspielt. Es kann Ihnen sonst passieren, dass Ihr
Mensch Ihre Vorräte ausgräbt und woanders versteckt.

Menschen haben im Gegensatz zu Hunden untereinander kein Gefühl für Eigentum und Intimsphäre. Das wird beispielsweise beim
Essen deutlich. Während der Napf des Hundes natürlich für andere
Hunde tabu ist und Ihr Mensch niemals auf die Idee käme, sich aus
dem Fressnapf seines Herrn und Meisters zu bedienen, schieben
Menschen beim Essen ihre Vorräte hin und her und machen Sie
zum Allgemeingut.

Aufgrund ihres auf-
rechten Ganges und
ihrer Körpergröße
nehmen Menschen
ihre Mahlzeiten auf
Stühlen ein und essen

Achten Sie von Anfang an
darauf, dass Sie hieran ihrer
Position als Rudelführer gemäß
angemessen beteiligt werden!

an extra zu diesem Zweck aufgestellten bunt verzierten in halber
Körperhöhe angeordneten meist rechteckigen Platten. Stellen Sie
sich dazu und blicken Sie ihrem Menschen tief in die Augen. Erfor-
derlichenfalls können Sie sich auch kurz aufrichten und gegen die
Beine Ihres Menschen lehnen. Ihr Mensch wird Ihnen nach kurzer
Zeit dann Teile seiner Speisen bereitwillig aushändigen.

Verzichten Sie aber dabei unbedingt auf Bellen und Jaulen - den Menschen stört das beim Essen und es macht ihn unruhig und aggressiv. Bleiben Sie souverän. Ein intensiver Blickkontakt reicht völlig aus.

Menschen haben unterschiedlich rasche Auffassungsgaben. Orientieren Sie sich deshalb immer am lernfähigsten, also am schnellst reagierenden Menschen. Die anderen Menschen werden sich dann bemühen, seinem Beispiel zu folgen. Wie bereits erwähnt sind Menschen sehr verspielt – auch beim Essen. Wenn Sie verschiedene Tonlagen des Bellens Ihrer Menschen durch kurze Gesten – Hinsetzen, Hinlegen oder Tanzen auf zwei Beinen – erwidern, werden Sie große Freude bei Ihren Menschen auslösen. Sie müssen dann aber damit rechnen, dass der Anteil der Speisen, die Ihr Mensch Ihnen gibt, immer größer wird und zu gegebener Zeit das Spiel dann abbrechen. Hierzu reicht es, dass Sie sich ganz einfach entfernen. Der Mensch versteht das instinktiv richtig und wird keinen Versuch machen, Ihnen mit seinen Speisen zu folgen, sondern ruhig zu Ende essen.

Kapitel 10

Das Zeitgefühl des Menschen – Menschenjahre sind keine Hundejahre!

Menschen haben ein völlig anderes Zeitgefühl als wir Hunde. Ein Menschenjahr dauert im Durchschnitt über die gesamte Lebenszeit des Menschen gerechnet sieben Mal länger als ein Hundejahr. Manche Berechnungen differenzieren da, indem jüngeren Menschen mehr und älteren Menschen weniger Hundejahre zugeordnet werden, aber von Interesse sind hier letztlich nicht die sich ergebenden akademischen Fragen, sondern die praktischen Konsequenzen, die hieraus zu ziehen sind.

Der entscheidende Punkt, der auch folgerichtig immer wieder zu Missverständnissen und Irritationen zwischen Hund und Mensch führt, ist, dass Menschen anders als wir Hunde kein Zeitgefühl in dem Sinne besitzen, dass sie nicht differenzieren können, ob ein Vorgang 10 Sekunden, 10 Minuten oder 10 Stunden dauert. Für den Menschen ist das alles gleich kurz oder gleich lang.

Es kann Ihnen deshalb passieren, dass sich Ihr Mensch morgens aus der Menschenhütte entfernt, ewig lang wegbleibt, Sie sich bereits ernsthafte Sorgen um ihn machen und er dann nach langer Zeit irgendwann freudestrahlend mit zufriedenem Bellen wiederkehrt, als sei er nur eben nur mal kurz ein Bein heben gegangen.

Auf Ihre Erleichterung, die Sie in der Regel mit einer überschwänglich freudigen Begrüßung ausdrücken, wird Ihr Mensch dann mitunter irritiert reagieren, weil er sie nicht versteht.

Ihr Mensch weiß nicht, wie lange er wirklich weg war! Es kann sein, dass er auf Ihre erleichterte und entsprechend lebhafte Begrüßung zwar freudig überrascht, aber zugleich dann doch erstaunt reagiert und das mit einem Bellen, das phonetisch in etwa wie „Schon gut beruhig Dich ich war doch nur eben am Briefkasten" klingt, kommentiert. Seien Sie Ihrem zweibeinigen Liebling in solchen Momenten nicht böse und reagieren Sie weder beleidigt noch mit Vorwürfen. Er weiß es nicht besser und kann tatsächlich nicht einschätzen, wie lange er nun wirklich fort war.

Dieses fehlende Zeitgefühl prägt auch den gesamten weiteren Alltag, beispielsweise im Zusammenhang mit gemeinsamen Ausflügen. Wenn Ihr Mensch hierzu ein motorisiertes Fortbewegungsmittel verwendet, extra angeschafft, um mit Ihnen zusammen zum Zielort eines gemeinsamen Spazierganges zu gelangen, hat er auch hier wieder keinerlei Gefühl für die tatsächliche Länge der Strecke, die Sie mit ihm zurücklegen und für die tatsächliche Dauer der Fahrt.

Selbst wenn Sie Ihrem Menschen energisch und mit größter Eindringlichkeit darauf hinweisen, dass es Zeit zum Aussteigen und Eile geboten ist, weil der Zielort inzwischen erreicht ist und die Bäume und Sträucher warten, selbst wenn Sie wie ein Derwisch im Auto hin und her springen, jaulen und bellen, er wird in Seelenruhe erst das Fahrzeug an einem speziell dafür ausgesuchten Platz abstellen, es dabei endlos lange und völlig unsinnigerweise vor und zurückbewegen, dann die Türen umständlich öffnen und direkt wieder verschließen, sich nicht minder umständlich die Menschenleine holen und von der einen in die andere Vorderpfote legen, dann noch mal an den Wagentüren rütteln, auf die helle Scheibe eines kleinen rechteckigen Kastens, den er immer mit sich trägt, gucken, vielleicht noch zusätzlich mit den Vorderpfoten darauf herumtrommeln, dann noch einmal an den Türen rütteln, vorbeikommenden Artgenossen etwas zubellen, möglicherweise auch einen länglichen Gegenstand in den Mund stecken und anzünden und dann erst – und da können Sie an der Menschenleine ziehen so viel Sie wollen – wird er mit Ihnen gemächlichen Schrittes losgehen.

In der Zeit sind bereits zahlreiche Spuren unwiderruflich vernichtet, viele wichtige Markierungspunkte ruiniert, haben andere Hunde bereits ganze Reviere abgesteckt – nur Ihr Mensch bleibt davon völlig unberührt und hat auch hier wieder überhaupt kein Gefühl für die verloren gegangene Zeit.

Während der Hund immer unverzüglich und zielstrebig auf sein Ziel zugeht, hat der Mensch dazu eine völlig andere Herangehensweise.

Sie finden diesen Ansatz auch beim Einnehmen von Mahlzeiten wieder – auch hier lässt der Mensch sich alle Zeit der Welt, nimmt die unterschiedlichsten rituellen Handlungen vor, packt sein Futter aus und gleich wieder ein und dann wieder aus und steckt es von einem Behälter in den nächsten, bis er dann endlich zu essen beginnt.

Sie werden Ihrem zweibeinigen Liebling dieses Verhalten nicht abgewöhnen können. Ertragen Sie es – so schwer es auch im Einzelfall fällt – mit Geduld und Humor!

Kapitel 11

Der Mensch im Hunderudel – Zwischen der Bereitschaft, sich unterzuordnen und dem Wunsch nach Rebellion

Zumindest bei richtiger Erziehung wird Ihr Mensch immer Ihre Stellung als seinen Herrn und Meister vom Grundsatz her anerkennen und den größten Teil seiner täglich aufgebrachten Energie darauf verwenden, Ihnen zu gefallen und Ihnen zu Diensten zu sein. Das Problem ist nur, dass er trotzdem immer wieder und dann meist völlig unerwartet und noch dazu in Situationen, die Ihnen völlig unangemessen erscheinen, versuchen wird, gegen Sie zu rebellieren.

Ihr zweibeiniger Liebling braucht eine starke Pfote.

Er lernt nämlich schnell und speichert einmal gemachte Erziehungsfehler oder zum falschen Zeitpunkt erfolgte Nachgiebigkeiten in seinem Gehirn sofort ab und wird sein künftiges Verhalten konsequent daran ausrichten.

Ein typisches Beispiel ist, wenn Sie mehrere Menschen halten und diese zeitlich versetzt in die Menschenhütte zurückkehren. Statt Sie als ihren Rudelführer zuerst und mit dem nötigen Respekt zu begrüßen, kann es tatsächlich vorkommen, dass Ihre Menschen Sie erst einmal ignorieren und sich zuerst gegenseitig zu begrüßen beginnen. Diese Begrüßung wird zumindest am Anfang in aufrechter Haltung vorgenommen. Vor allem Rüdchen und Weibchen, die in der gleichen Hütte leben, kraulen sich dabei gegenseitig - kombiniert mit intensivem Abschlecken - ausgiebig mit den Vorderpfoten am Rücken. Das sieht zwar sehr possierlich aus, ändert aber nichts daran, dass Sie Ihre Menschen in so einem Fall sofort zur Ordnung rufen und die bestehende Hierarchie klarstellen müssen.

Grundsätzlich und ausnahmslos gilt: Ihr Mensch hat Sie zuerst zu begrüßen, erst danach darf er sich seinen Artgenossen zuwenden!

Wenn Ihre Menschen nun gegen dieses Gebot verstoßen, greifen Sie unverzüglich und energisch ein, indem Sie an dem Neuankömmling hochspringen und energisch darauf bestehen, dass er Ihnen seine ungeteilte Aufmerksamkeit schenkt. Wenn das nicht hilft, fassen Sie an geeigneter Stelle die Tücher und Felle, in die der Mensch sich hüllt, zwischen Ihre Zähne und ziehen Sie entweder langsam und gleichmäßig den Menschen von seinem Artgenossen weg oder zerren Sie ihn – wenn Sie von kleinerer Körpergröße sind – durch mehrfaches rasch hintereinander erfolgendes Zupacken mit ruckartigen Bewegungen fort. Begleiten Sie diese Aktion mit lautem Bellen. Zeigen Sie dem Menschen aber durch gleichzeitiges heftiges Schwanzwedeln, dass Sie ihm gut gesinnt sind.

Nach einer gewissen Zeit wird zumindest einer der beiden sich begrüßenden Menschen beginnen zu bellen, was phonetisch in etwa klingt wie „Ich kann das nicht sehen guck mal er will doch auch dabei sein." Das bedeutet, Sie haben sich durchgesetzt.

Mitunter wechseln Ihre Menschen während der Begrüßung unvermittelt in eine sitzende oder liegende Stellung über. Das ist immer für Sie als Rudelführer das Signal, dass Sie ausdrücklich aufgefordert sind, der weiteren Begrüßung aktiv beizuwohnen. Enttäuschen Sie Ihre zweibeinigen Lieblinge nicht. Springen Sie mit freundlichem Schwanzwedeln und lautem Bellen in das von Ihren Menschen belegte Körbchen und drängen Sie sich energisch zwischen deren ausgebreiteten Vorderpfoten, bis Sie das Gesicht eines der beiden Menschen erreicht haben, um dieses dann unverzüglich abzuschlecken. Ihre Menschen werden das mit lautem Bellen und entzückten wedelnden Bewegungen Ihrer Vorderpfoten registrieren.

Verspielt, wie Ihr Mensch ist, wird er zunächst immer wieder versuchen Sie, aus dem Körbchen zu stoßen. Tun Sie Ihrem zweibeinigen Liebling den Gefallen und spielen Sie das Spiel mit, auch wenn es sich eine ziemlich lange Zeit hinziehen kann.

Ziehen Sie sich niemals vorschnell zurück! Ihre Menschen werden daraus den Schluss ziehen, Sie hätten das Interesse an ihnen verloren!

Das kann zu schweren seelischen Schäden bei Ihren zweibeinigen Lieblingen führen und regelrechte Traumatisierungen auslösen. Die Begrüßung Ihrer Menschen hat daher ausgiebig mehrmals täglich zu erfolgen und ist immer äußerst intensiv vorzunehmen. Zeigen Sie Ihrem Menschen lieber einmal zu viel als einmal zu wenig, wie willkommen er Ihnen ist! Brechen Sie die Begrüßung niemals zu rasch ab, sondern bleiben Sie danach ruhig noch eine Weile hechelnd bei Ihren Menschen im Körbchen, damit diese sich nach der Aufregung etwas ausruhen und erholen können.

Manche Trotzreaktionen beruhen auf Missverständnissen – das Ziehen an der Menschenleine während des gemeinsamen Spazierganges, während Sie gerade hochkonzentriert eine Stelle von zentraler Bedeutung beschnüffeln und untersuchen, weil schlechter Geruchssinn und aufrechter Gang des Menschen dazu führen, dass er die Lage in ihrem Ernst nicht erfassen kann, bietet da ein schönes Beispiel.

Ziehen Sie in diesem Fall energisch an der Leine. Falls das wider Erwarten nicht zur Disziplinierung Ihres Menschen ausreicht, nehmen Sie die für Ihre Notdurft typische Haltung ein, was Ihr Mensch gehorsam mit einem Bellen, das phonetisch in etwa klingt wie „nun mach schon komm" quittiert und dazu führt, dass er gehorsam stehen bleibt und warten wird. Es ist egal, ob Sie die Gelegenheit, Ihre Notdurft zu verrichten, dabei nutzen oder nicht. Sie können ferner diese Methode während des Spazierganges ruhig mehrere Male hintereinander erfolgreich anwenden. Die Reaktion Ihres Menschen wird sich auch im Wiederholungsfall nicht ändern.

Es kann passieren, dass Ihr Mensch versucht, Sie auszusperren.

Ihr Mensch will damit Eindringlinge – vor allem auch noch solche, die dann damit beginnen, Sachen hin und her zu räumen und die Menschenhütte in Unordnung zu bringen – vor Ihnen als Gipfel eines unterwürfigen Anpassungsverhaltens dadurch schützen, dass er Sie durch Verschließen der Tür in einen abgelegenen Raum einzusperren versucht.

Protestieren Sie hiergegen durch lautes, energisches und lang anhaltendes Bellen. Es wird immer den Erfolg haben, dass Ihr Mensch Sie nach einer gewissen Zeit herauslassen und damit diesen untragbaren Zustand beenden wird. Meistens sind dann bereits die Eindringlinge in richtiger Erkenntnis der Lage geflüchtet und haben ihre mitgebrachten Sachen wieder mitgenommen. Untersuchen Sie trotzdem die Menschenhütte genauestens und systematisch auf eventuell zurückgelassene Fremdstoffe, bevor Sie wieder zur Tagesordnung übergehen.

Wenn Ihr Mensch sich außerhalb der Hütte in größeren Rudeln mit Artgenossen aufhält, wird er sich instinktiv besonders intensiv der Notwendigkeit Ihrer Nähe und Ihres Schutzes bewusst sein und Sie energisch auffordern, sich in seiner unmittelbaren Nähe aufzuhalten. Was für einen unerfahrenen Menschenhalter wie eine Anmaßung und Verkennung der Hierarchie klingt, ist – so weiß der erfahrende Menschenhalter – aus der Angst geboren. Tun Sie ihrem Menschen dann den Gefallen und legen Sie sich zu ihm, den Kopf immer und demonstrativ Richtung potenzieller Gefahren und Angreifer ausgerichtet, damit er sich beruhigen und entspannen kann.

Wenn Sie sich auf die Eigenarten Ihres Menschen einstellen und nie vergessen, dass er eben trotz allem nie ein Hund werden wird, werden Sie einen treuen Kameraden gewinnen, der immer in Ihrer Nähe und bemüht sein wird, es Ihnen recht zu machen. Gerade wenn es mal stressig wird – vergessen Sie das nie!

Kapitel 12

Streunende Menschen – über den Umgang mit wildlebenden Menschen

Man schätzt, dass deutlich mehr als die Hälfte aller Menschen nicht in Hunderudeln, sondern als streunende Menschen auf der freien Wildbahn leben. Sie finden diese wild lebenden Menschen sowohl auf dem Land als auch in der Großstadt.

Das Problem ist, Hüttenmenschen von wildlebenden Menschen zu unterscheiden und sich auf letztere dann richtig einzustellen.

Bei streunenden Menschen ist ein unterschiedlicher Grad der Verwilderung und Verwahrlosung zu beobachten. Während in den meisten Fällen sich wildlebende Menschen trotzdem im Großen und Ganzen harmlos und höchstens etwas scheu und ängstlich verglichen mit domestizierten Menschen Hunden gegenüber verhalten, soll es in einigen Fällen aber sogar Fälle von Kannibalismus gegeben haben und gerüchteweise sollen dabei wild gewordene Menschen Hunde sogar aufgefressen haben!

Selbst wenn dies nur ein Gerücht sein sollte, so steht aber nichtsdestotrotz fest, dass es immer wieder - wenn auch seltene - Fälle von gewalttätigen und entsprechend gefährlichen Menschen gibt. Ein weiteres, allerdings bislang nicht bestätigtes Gerücht berichtet von Menschen, die sogar regelrecht als Hundefänger unterwegs sein sollen!

Seien Sie also immer wachsam und auf der Hut, wenn Sie auf streunende Menschen treffen!

Gewalttätigkeit von Menschen gegenüber Hunden stellt aber die krasse Ausnahme dar – die allermeisten wildlebenden Menschen sind friedlich und haben irgendwann in ihrem Leben auch schon mal Kontakt zum Hund gehabt, sodass sie sich vom Grundsatz her einzuordnen und zu benehmen wissen.

Grundsätzlich sucht jeder streunende Mensch im tiefsten Inneren seines Wesens einen Platz im Hunderudel.

Es kann deshalb teilweise zu hässlichen Eifersuchtsszenen zwischen Ihren zweibeinigen Lieblingen und streunenden, weil dadurch neidischen Menschen um die Gunst des Hundes kommen!

Wenn Sie auf einen wildlebenden Menschen treffen, erkennen Sie diesen sofort am fehlenden Geruch eines Herrn und Meisters, sodass er immer nackt und verloren auf Sie wirken wird. Dass dieser bedauernswerte Mensch ohne Rudelführer durchs Leben kommen muss, merken Sie in der Regel bereits bei der Begrüßung. Der streunende Mensch wird, wenn Sie an ihm hochspringen, meist respektvoll zurückweichen, laut bellen und hektisch mit den Vorderpfoten über die Tücher und Felle streichen, in denen er seine Hinterläufe verpackt hat. Dadurch, dass er jetzt Geruch und Haare des Hundes aufgenommen hat, fühlt er sich geadelt und nunmehr wie ein richtiger Mensch. Er wird seine Freude und seinen Stolz Ihrem Menschen gegenüber mit lautem Bellen, das phonetisch in etwa klingt wie „Halten Sie bloß Ihren Köter von mir weg der ruiniert mir ja mit seinen dreckigen Pfoten meinen neuen Anzug" mitteilen.

Wenn umgekehrt ein wildlebender Mensch Sie begrüßt, wird er in der Hoffnung, von Ihnen ebenso wie Ihre Menschen geleckt zu werden, mit erwartungsvoll ausgestreckter Vorderpfote auf Sie zueilen und um Ihre Gunst regelrecht buhlen.

Stellen Sie aber durch energisches Bellen klar, dass es keinen automatischen Platz in Ihrem Rudel gibt, sondern dieser der sich von einem fremden Menschen vielmehr erst hart erarbeitet und verdient werden muss!

Einem streunenden Menschen sollten Sie die Hand erst lecken, wenn dieser mehrfach in Ihrer Menschenhütte ein- und ausgegangen ist, Sie ihn näher kennengelernt und für gutartig befunden haben und er durch geeignete Ihnen dargebotene Leckereien sich Ihrer Gunstbekundung auch würdig erwiesen hat.

In seltenen Ausnahmefällen kann es sein, dass der streunende Mensch aggressiv auf Sie reagiert und dann mit Tüchern, Fellen oder Lappen nach Ihnen wirft oder Wasser auf Sie zu schütten versucht oder beides in kombinierter Form probiert, um Sie zu vertreiben.

In so einem Fall gilt: Der Hund vergisst nie!

Beachten Sie aber trotz alledem – die meisten Menschen sind Angstwerfer und nicht unbedingt deshalb gleich bösartig! In diesen Fällen hilft ein kurzer, aber prägnanter Biss in die Wade bei der notwendigen Disziplinierung Wunder. Was auch geht, falls Sie Hemmungen haben, fremde Menschen zu beißen oder einen Biss im Einzelfall als zu streng empfinden, und was sich vor allem im Umgang mit streunenden Menschenwelpen als wirksame Erziehungsmethode bewährt hat, ist, eine Vorderpfote oder einen Hinterlauf des streunenden Menschen fest mit beiden Pfoten zu umklammern und dann auf und ab zu hüpfen. Lassen Sie dabei nicht los, um auf diesem Wege Ihre Überlegenheit dem wildlebenden Menschen gegenüber zu demonstrieren und ihn quasi in eine Art Schwitzkasten zu nehmen. Der Ausdruck Schwitzkasten leitet sich aus der unmittelbar daraufhin erfolgenden von heftigem Bellen und Strampeln mit Vorderpfoten und Hinterläufen begleiteten Reaktion des Menschen ab.

Viele Menschenhalter schwören auf diese Methode und behaupten, sie habe einen wesentlich größeren pädagogischen und deutlich nachhaltigeren Effekt als ein Biss in die Wade!

Des Weiteren sollten Sie auch nicht versäumen, die Fahrzeuge und die Behüttung eines solchen wildlebenden Menschen künftig intensiv, gut erkennbar und vor allem täglich bei Ihren Spaziergängen zu markieren und mit Priorität dort künftig Ihre Notdurft zu verrichten, um Ihre Dominanz in Ihrem Territorium dem streunenden Menschen gegenüber unmissverständlich deutlich zu machen, sofern er sich regelmäßig in Ihrer Nachbarschaft aufhält.

Kapitel 13

Trennungsängste des Menschen

Ihr zweibeiniger Liebling legt eine Arglosigkeit und einen unbedarften Leichtsinn gegenüber seiner ihm nur allzu oft feindlich gesonnenen Umwelt an den Tag, die Sie als seinen Herrn und Meister regelmäßig zur Verzweiflung treiben werden. Erfahrene Menschenhalter wissen: Selbst eine noch so geduldige Erziehung, selbst eine noch so liebevolle Dressur ändern daran im Grundsatz nichts: Der Mensch wird immer vom Wesen her tollpatschig und unvorsichtig bleiben und von einer potenziellen Gefahr in die nächste stolpern. Meistens können Sie gar nicht so schnell bellen, wie Ihr Mensch sich schon – kaum dass eine Bedrohung ausgeschaltet ist – schnurstracks der nächsten Gefahr aussetzt. Und zwar aus reinem Leichtsinn, ohne jede Not!

Ein typisches Beispiel: Ein eindeutig schon von weitem als feindsinnig gesonnen erkennbarer Artgenosse nähert sich Ihrem Menschen eingehüllt in unzählige, überall in Ihrem Territorium eingesammelte Duftwolken und schwarzen, mit gelben Signalfarben abgesetzten Tüchern und für Menschenverhältnisse fast lautlos auf einem großen zweirädrigen Gefährt bewaffnet mit vielen bedrohlich riechenden Papierfächern und Stofftaschen und kommt in rasender Geschwindigkeit direkt auf Sie zu! Sie können jetzt wie rasend bellen und Ihren Menschen warnen, so viel und solange Sie wollen – Ihr zweibeiniger Liebling bleibt von dieser dreisten Attacke völlig unberührt. Wenn Sie den Eindringling dann endlich verjagt haben, wird Ihr Mensch noch nicht einmal merken, dass er soeben gerettet worden und welch tödlicher Gefahr er entgangen ist !

Der Grund für dieses Verhalten ist nicht nur ein völlig fehlendes Gefahrenbewusstsein.

Mindestens genauso entscheidend ist, dass Ihr zweibeiniger Liebling sich konsequent auf Ihren Schutz und auf Ihre ständige Wachsamkeit als seinen Rudelführer verlässt.

Und dadurch gibt es folgerichtig nur eine Sache, vor der jeder Mensch eine geradezu panische Angst hat: Nämlich Sie, seinen Herrn und Meister, zu verlieren!

Diese Angst zieht sich wie ein roter Faden durch den gesamten Alltag Ihres zweibeinigen Lieblings. Mindestens ein halbes Dutzend Mal am Tag werden Sie, wenn Sie gerade einmal Ihre wohlverdiente Ruhe genießen möchten, ein lautes Bellen eines Ihrer Menschen hören, das phonetisch in etwa wie „Wo ist der Hund? Hast Du den Hund gesehen? Gottseidank da ist er ja" klingt.

Ihre Menschen rennen dann völlig aufgelöst mit rot angelaufenem Gesicht, angstvoll geweiteten Augen und heftigem Wedeln ihrer Vorderpfoten durch die Menschenhütte, suchen nach Ihnen in jedem möglichen und unmöglichen Winkel und reagieren mit überschwänglicher Freude und Erleichterung, wenn sie Sie dann endlich gefunden haben.

Noch panischer verlaufen solche Anfälle im Garten. Wenn Sie zur näheren Untersuchung interessanter Gerüche oder zur Vorbereitung eines geeigneten Standortes zur Beobachtung und Abwehr von möglichen Eindringlingen sich einmal tiefer ins Gestrüpp zurückziehen müssen und außer Sichtweise Ihrer zweibeinigen Lieblinge geraten, ist die Aufregung schon nach kurzer Zeit groß.

Bedenken Sie immer: Wegen seines schlechten Geruchssinnes kann Ihr Mensch Sie selbst bei optimalen Windverhältnissen nicht wittern. Er ist darauf angewiesen, Sie zu sehen!

Bei Spaziergängen im Freien ist die Nervosität Ihrer Schutzbefohlenen tendenziell am größten. Viele Menschen klammern sich fast schon verzweifelt an der Menschenleine fest und kontrollieren unterwegs immer wieder, ob alle Verschlüsse auch wirklich fest sitzen.

Wenn Sie ohne Menschenleine unterwegs sind und sich vorübergehend von Ihrem Menschen auf eine Wiese oder noch schlimmer in ein Gebüsch zurückziehen, ist die Panik – da sind sich alle Menschenhalter einig – mit Abstand am stärksten. Ein Mensch, der Sie länger als nur einige wenige Minuten aus den Augen verliert, wird bereits daraufhin unverzüglich mit nackter Panik reagieren.

Vom Grundsatz her können Sie dagegen nichts machen, Sie können lediglich die Dauer und die Heftigkeit dieser Panikattacken beeinflussen.

Der Hintergrund ist, dass Ihr Mensch – mag er im Alltag auch noch so frech, selbstbewusst oder auf Rebellion gebürstet auftreten – im tiefsten Inneren um seine Schutzlosigkeit und seine Hilflosigkeit ohne die wache Nase und die starke Pfote des Hundes sehr wohl weiß. Es ist für ihn folglich die schlimmste aller Horrorvorstellungen, ohne Hund zu sein. Das führt mitunter zu völlig irrationalen Verhaltensweisen. Auch wenn Ihr Mensch tausend Mal gelernt hat, dass Sie weder ihn noch die Menschenhütte verlassen und dass Sie bei ihm bleiben werden – die Urängste des Menschen sind einfach stärker.

Gehen Sie in solchen Momenten ruhig und liebevoll mit Ihrem zweibeinigen Liebling um und beruhigen Sie ihn.

Rennen Sie, sobald es Ihnen möglich ist, auf schnellstem Wege zu ihm, stellen Sie sich mit heftigem Schwanzwedeln vor ihn hin, richten Sie sich dabei auf und legen Sie beruhigend Ihre Vorderpfoten auf seine Hinterläufe. Lassen Sie sich solange ausgiebig streicheln und kraulen, bis Ihr Mensch wieder zur Ruhe gekommen ist und sein Puls sich wieder normalisiert hat.

Nehmen Sie es positiv: Ein Blick aus seinen großen, treuen Augen, die unbändige Freude und Erleichterung ob der Gewissheit, dass er Sie nicht verloren hat, wird Sie vollumfänglich für den ganzen zuvor erlebten Stress entschädigen!

Kapitel 14

Warum klare Strukturen und eine eindeutige Hierarchie so wichtig sind – die häufigsten Erziehungsfehler des Hundes

Der Mensch wird sich Ihnen grundsätzlich immer unterordnen und Ihre Position als Rudelführer nicht in Frage stellen. Er wird außerdem seinen Rhythmus und seinen Tagesablauf an Ihren Vorgaben und Wünschen ausrichten. Soweit die Theorie.

In der Praxis übersehen allzu viele Menschenhalter leider, dass Ihr Mensch klare Strukturen, klare Vorgaben und eine starke Pfote braucht. Weil der Mensch in der Regel sehr verspielt, ausgesprochen anhänglich und possierlich anzusehen ist, lassen unerfahrene Hunde gerne gerade in der Anfangsphase bei der Erziehung die Leine locker.

> Das ist ein schwerer Fehler mit verheerenden Folgen! Wenn Sie einmal Ihre Autorität in Frage haben stellen lassen, ist es ungeheuer mühsam, diese wieder zurück zu gewinnen.

Das hängt damit zusammen, dass der Mensch aus gewonnenen Erfahrungen erstaunlich schnell lernt. Wenn er beispielsweise Ihre Aufforderung, seinen Spaziergang zu machen, mit einem Bellen, welches phonetisch in etwa wie „Jetzt nicht später gib Ruhe" klingt, beantwortet, statt zu gehorchen und Sie sich darauf einlassen, indem Sie sich einfach zurückziehen und wenn Ihr zweibeiniger

Liebling dann Stunden später mit der Menschenleine kommend von Ihnen freudig begrüßt wird, als sei nichts geschehen und Sie bereitwillig mit ihm gehen, muss Ihr Mensch natürlich davon ausgehen, dass er – und nicht Sie – über den Zeitpunkt des Spaziergangs entscheidet.

Ähnlich verhält es sich, wenn Sie nach Ihrem Menschen rufen, er nicht kommt und Sie das übergehen – und umgekehrt, wenn er ruft und Sie lassen alles stehen und liegen und sind augenblicklich bei ihm. Auch hier muss der Mensch dann den für ihn völlig logischen Rückschluss ziehen, er sei Ihr Herr und Meister und nicht umgekehrt.

> Dass der Mensch sich unter bestimmten Umständen sogar in die irrige Annahme hineinsteigern kann, er sei der eigentliche Rudelführer, mag Ihnen absurd erscheinen - Ihrem Menschen kann das aber, je nachdem, wie Sie sich verhalten, absolut realistisch vorkommen.

Wichtig ist also von Anfang an, dass Sie peinlich genau darauf achten, dass Sie die Befehle geben und die Zeit ihrer Ausführung festlegen und nicht umgekehrt. Wenn der Welpe nun in den Napf gefallen ist – was können Sie tun?

Bleiben Sie ruhig, werden Sie nicht hektisch, geben Sie Ihre Anweisungen ruhig, aber bestimmt. Wenn Sie aufgeregt zu bellen oder zu jaulen beginnen, reagiert Ihr Mensch verwirrt, weil er Ihre Anweisungen nicht mehr versteht. Im schlimmsten Fall regen Sie ihn sogar so auf, dass er Ihnen überhaupt nicht mehr folgen kann.

Knurren – so hilfreich es zur Abwehr feindlich gesinnter fremder Menschen auch ist und so wichtig dies zur Wahrnahme Ihrer Schutzfunktion Ihrem Menschen gegenüber auch sein mag – vermeiden Sie wenn eben möglich im Umgang mit Ihren eigenen Menschen, weil Ihnen das Angst macht. Höchstens, wenn sich Ihr Mensch ganz gravierend daneben benimmt, zum Beispiel durch einen Griff in Ihren Napf während Sie essen, also in extremen Ausnahmesituationen, kann das Knurren eine geeignete erzieherische Maßnahme sein.

> Beißen sollten Sie dagegen Ihren Menschen ganz generell niemals und unter keinen Umständen! Sie zerstören damit sein Urvertrauen!

Wenn Sie Ihrem Menschen Anweisungen geben, setzen Sie sich ruhig vor ihn und blicken ihm dabei tief in die Augen. Der Mensch wird Ihnen daraufhin konzentriert zuhören und Ihre Wünsche mit einem Bellen, welches phonetisch klingt wie „Guck mal er versteht genau was los ist" oder „Jetzt hat er ein schlechtes Gewissen wie süß" oder „Einer von uns muss sich jetzt opfern und eine Runde mit ihm gehen" beantworten, was in allen Fällen das Gleiche meint: Ihr Mensch gehorcht Ihnen jetzt bedingungslos.

Strikte und häufige Befehlsverweigerungen sollten Sie durch klares und sichtbares Markieren der Lieblingsorte Ihrer Menschen sanktionieren – der Mensch reagiert auf optische Reize stärker als auf Gerüche. Das bezieht sich insbesondere auf die Fälle, wo Ihr Mensch die Hütte über einen längeren Zeitraum verlässt, ohne Sie mitzunehmen oder wo er sich Ihnen gegenüber grob ungehorsam verhält.

> Fehlverhalten Ihres Menschen sind sofort zu ahnden - zeitlich versetzt bringt das nichts. Der Mensch hat anders als Sie kein Langzeitgedächtnis und kann Verhalten und Strafe dann nicht mehr kausal zuordnen, sodass der gewünschte Lerneffekt ausbleiben wird.

Der Mensch sucht zwar Ihren Schutz und wird sich in bedrohlichen Situationen Ihnen immer schon rein instinktiv unterordnen, wird dann aber oft in der Menschenhütte plötzlich übermütig. Ein Hund, der nicht von Anfang an klarstellt, dass alle geeigneten Körbchen in der Hütte primär dem Hund gehören und sich von diesen vertreiben lässt, hat bereits hier schon verloren. Sie bekommen das nicht mehr korrigiert!

> Ebenso wichtig ist, dass Sie nicht jedes Mal reagieren dürfen, wenn Ihr Mensch nach Ihnen ruft. Wenn Sie lange genug bellen oder jaulen, wird Ihr Mensch nach kurzer Zeit aufgeregt und gehorsam zu Ihnen eilen - das heißt nicht, dass das auch umgekehrt gilt.

Der Mensch braucht, um sich wohlzufühlen, klare Strukturen und einen klar definierten Platz im Rudel. Auch untereinander erarbeiten die Menschen in kurzer Zeit meist altersgestaffelt eine Hierarchie. Sie erkennen den von den Menschen ausgesuchten Rudelführer daran, dass das Rüdchen oder Weibchen – beides ist möglich – die Nahrung mitbringt und federführend ihre Zubereitung übernimmt. Die anderen Menschen halten sich mit respektvollem Abstand in unmittelbarer Nähe auf und sehen zu. Orientieren Sie sich zur Klarstellung Ihrer Position als Rudelführer immer an diesem Leitmenschen – das vereinfacht die Erziehung Ihres Rudels, falls Sie mehrere Menschen halten, enorm. Mit etwas Geschick können Sie dann dem ausgewählten Menschen auch beibringen, wie ein Leitmensch Ihr Rudel zusammen zu halten.

> Achten Sie von Anfang an auf eine regelmäßige Pflege des Unterwerfungsrituals!

Sie springen dabei den Menschen an und wedeln heftig mit dem Schwanz. Der Mensch beugt sich daraufhin zu ihnen runter oder nimmt sie – falls Ihre Körpergröße das zulässt – auf den Arm. Sie lecken, er krault. Am Ende dieses Rituals erhalten Sie ein ausgewähltes Stück Nahrung als Zeichen der Unterwerfung. Das korrekte Bellen des Menschen klingt phonetisch dabei wie „Braver Hund. Hier ist Dein Leckerli." Wenn der Mensch nicht gleich gehorcht, lassen Sie sich nicht entmutigen, sondern setzen das Unterwerfungsritual so lange fort, bis es erwidert wird. In Notfällen – aber nur wenn es nicht anders geht – tauschen Sie den Leitmenschen aus. Das funktioniert immer.

Kapitel 15

Wie erzieht man seine Menschen und was man seinen Menschen unbedingt beibringen sollte

Dank Jahrtausende langer Domestizierung sind dem Menschen die wichtigsten Vorrausetzungen, um in einer Hundehütte zu leben und Sie als treuen Kameraden durchs Leben zu begleiten, glücklicherweise im wahrsten Sinne des Wortes bereits in Fleisch und Blut übergegangen, sodass wesentliche Grundlagen für ein zufriedenes Menschenleben bereits vorhanden und leicht zu vermitteln sind.

Während Sie als Hund für den Schutz und die Bewachung Ihres zweibeinigen Lieblings verantwortlich sind, wird Ihr Mensch sehr rasch seine Dankbarkeit dadurch auszudrücken lernen, dass er sich aufopferungsvoll um Ihr Wohlbefinden, insbesondere um Ihr leibliches Wohlbefinden, kümmert.

In den meisten Fällen wird sich Ihre Aufgabe, Beute zu beschaffen und für Ihr Rudel auf die Jagd zu gehen, auf gelegentliche Ausnahmen reduzieren lassen.

Der Mensch hat nämlich über Jahrhunderte unter dem Schutz des Hundes gelernt, Nahrung selbst zu beschaffen und ausreichend Nahrungsmittelvorräte anzulegen. Er wird Ihnen von Anfang an unaufgefordert Schalen mit Wasser und Nahrung hinstellen. Anfangs kann es zu dem Problem kommen, dass der Mensch die Entscheidung treffen möchte, wann Sie essen und wieviel Sie essen und er wird versuchen, Ihnen die Schalen nur in kleinen unmittelbaren Bedarfsgrößen für jeweils eine Mahlzeit zu füllen.

Das geht in keinem Fall! Weisen Sie Ihren zweibeinigen Liebling hier unverzüglich in seine Schranken!

Machen Sie sich an diesem Punkt bei der Erziehung Ihres Menschen dessen natürliche Bequemlichkeit zunutze. Stellen Sie sich – unabhängig davon, ob Sie gerade Hunger haben oder nicht – unmittelbar nach verzehrter Mahlzeit und geleerter Wasserschale sofort vor die Fächer, in denen Ihr Mensch die Nahrungsmittelvorräte aufbewahrt und jaulen und bellen Sie auf das Energischste. Ihr Mensch wird daraufhin schon nach kurzer Zeit zur Einsicht kommen, gehorchen und Ihnen künftig regelmäßig morgens einen für den ganzen Tag ausreichend gefüllten Napf mit Wasser und Nahrung hinstellen, der von ihm dann auch künftig täglich ohne notwendige Aufforderung nachgefüllt werden wird.

Ein wichtiger Beitrag, den Ihr Mensch weiterhin von Anfang an zu Ihrem Wohlbefinden leisten wird, ist, dass er nicht nur ausreichend viele unterschiedlich große Körbchen in der Menschenhütte aufstellt, sondern diese auch noch zusätzlich ausreichend mit Kissen und Decken zu Ihrer Bequemlichkeit ausstattet. Der auf Seide gebettete Dobermann ist inzwischen deshalb unter Menschenhaltern sprichwörtlich geworden. Auf den meisten dieser Körbchen lässt Ihr Mensch sich von Zeit zu Zeit ebenfalls nieder, um Ihre unmittelbare Aufmerksamkeit zu genießen.

Dies können und sollten Sie ihm gestatten! Der Mensch ist ein Herdentier und wird immer die Nähe zu seinem Rudelführer suchen!

Eines der aufgestellten Körbchen ist allerdings nur für Sie als seinen Herrn und Meister bestimmt. Es sollte nicht zu groß und überall gut gepolstert sein. In diesem Körbchen hat Ihr Mensch nichts verloren! Gewähren Sie ihm unter keinen Umständen Zutritt! Instinktiv wird der Mensch die Hierarchie in Ihrem Rudel an diesem Punkt aber rasch akzeptieren und sich in aller Regel automatisch daran halten. Das liegt daran, dass der Mensch auch in der Hackordnung unter seinen Artgenossen unterschiedliche Arten von Körbchen als hierarchisches Zeichen kennt. Knapp unter dem Hund stehende Leitmenschen, die für den Zusammenhalt sehr großer Rudel verantwortlich sind, erhalten von den Menschen als Zeichen höchster Wertschätzung ebenfalls eigene Körbchen, in denen nur sie sich aufhalten dürfen. Einen solchen Vorgang kommentiert der Mensch dann mit einem ehrfürchtigen Bellen das phonetisch wie „Thronbesteigung" klingt. Insofern gibt es hier also keine großen zu erwartenden erzieherischen Probleme.

Worauf Ihr Mensch ebenfalls von sich aus instinktiv achten wird, ist, dass die Menschenhütte verschlossen und umzäunt ist.

Der Mensch ist ein Herdentier und vor allem tagsüber viel in Bewegung. Er wird deshalb die Menschenhütte immer wieder zu mitunter auch ganz unregelmäßigen Zeitpunkten verlassen, kommt aber regelmäßig wieder und findet vor allem den Weg zur Hütte selbst über Entfernungen von Tausenden von Kilometern wieder zurück. Die oftmals so gefährliche Arglosigkeit und Vertrauensseligkeit des Menschen hilft ihm hier ausnahmsweise weiter, weil er durch Kommunikation mit seinen Artgenossen sich von diesen im Bedarfsfall Hilfe holen kann, wenn er wirklich einmal den Weg zu seiner Hütte vergessen haben sollte.

Ihr zweibeiniger Liebling wird immer Ihre Nähe suchen und mit Ihnen zusammen den Tag verbringen wollen. Er braucht viel Zärt-

Weil der Mensch ein vom Hund abweichendes Markierungsverhalten seines Territoriums hat, müssen Sie nur von Anfang an darauf achten, dass Türe und Zäune natürlich für Eindringlinge, nicht aber für Sie Hindernisse darstellen dürfen. Ihnen gegenüber sind alle Türen ständig offen zu halten!

lichkeit und Körperkontakt. Dabei verwendet er überwiegend seine dank einzeln bewegbarer Krallen sehr geschickten Vorderpfoten, nur in Ausnahmefällen aber seine Zunge und praktisch nie seine Nase.

Für den Hund ist das zunächst verwirrend und Sie müssen sich hierauf schnellstmöglich einstellen.

Auch wenn Ihr Mensch niemals Ihre Vorderpfoten lecken wird, so hat er interessanterweise dieses Verhalten in der eigenen Hackordnung doch übernommen. Unter Artgenossen ist ein kurzes Lecken der Hand, wie man es seitens der Rüdchen Weibchen und extrem hochgestellten Leitmenschen gegenüber beobachten kann, ein Zeichen allergrößter Wertschätzung, weil der Mensch durch eine solche Geste sinngemäß damit zum Ausdruck bringt, dass er dem Anderen, nämlich Höhergestellten, gegenüber bereit sei, sich diesem einem Hunde gleich zu widmen. Nichts kann eine Wertschätzung unter Artgenossen beim Menschen höher ausdrücken. Hier werden auch das ausgeprägte Nachahmungsverhalten und die intelligente Beobachtungsgabe Ihres zweibeinigen Lieblings deutlich.

Der Mensch braucht eine starke Pfote und einen eindeutigen Platz innerhalb der Rangordnung Ihres Rudels.

Er braucht die klaren Strukturen und die sich daraus ergebende Sicherheit. Seien Sie lieber am Anfang etwas zu streng als umgekehrt. Wenn Sie mit ruhiger Gelassenheit – lautes Bellen, Jaulen und Knurren kann das nicht ersetzen und zeigt eher Schwäche als souveräne Stärke – Ihren Menschen von Anfang an seinen festen Platz im Rudel zuweisen und Ihre Position als seinen Herrn und Meister unmissverständlich klar machen, werden Sie mit Ihrem gelehrigen und treuen Kameraden viel Freude haben.

Kapitel 16

Kleine Kunststücke – und wie weit lassen sich Menschen dressieren?

Menschen verfügen dank ihrer raschen Auffassungsgabe, ihrer Lernfähigkeit und ihres guten Gedächtnisses über ein ganz beachtliches Potenzial, um sie zu dressieren und um ihnen kleinere Kunststücke beibringen zu können. Dabei müssen Sie nur unbedingt, um Ihren Menschen nicht zu frustrieren, seine insbesondere körperlichen Grenzen immer sorgfältig im Auge behalten. Sie werden sicherlich selbst bei sehr intelligenten Exemplaren weder erreichen, dass diese durch brennende Reifen springen noch dass sie von Ihnen verbuddelte Knochen finden und wieder ausgraben.

Wenn Sie Ihren Menschen dressieren, müssen Sie sich daher immer an seinen geistigen und körperlichen Fähigkeiten orientieren - in keinem Fall an den Ihren!

Fast jeder Menschenhalter hat schon die frustrierende Erfahrung gemacht, seinen Menschen immer wieder vorzuführen, wie ein Agility Parcours zu durchlaufen ist und lediglich damit zu erreichen, dass seine zweibeinigen Lieblinge ihm dabei mit staunend geweiteten Augen zugucken, ohne sein Beispiel zu übernehmen und es ihm gleich zu tun.

Bei Nachahmungsübungen, die sich stärker an den Fähigkeiten Ihrer zweibeinigen Lieblinge orientieren, werden Sie aber mit wenig Aufwand und etwas Geduld große und rasche Erfolge erzielen. Wenn Ihr Mensch Sie eine gewisse Zeit beim Verbuddeln Ihrer Knochen im Garten beobachtet hat, wird er eines Tages damit beginnen, es Ihnen gleichzutun, indem er beispielsweise Tulpenzwiebeln in einem vorher von ihm sorgfältig dafür ausgesuchten Stück Erde vergräbt. Er wird darauf achten, dass Sie ihm dabei zusehen. Springen Sie dann mit heftigem Schwanzwedeln an Ihrem Menschen hoch und loben Sie ihn.

Wenn er damit fertig ist und in die Menschenhütte zurückgekehrt ist, graben Sie die Tulpenzwiebeln wieder aus und legen Sie sie ordentlich an den Rand des Erdstückes. Wenn Ihr Mensch dann zurückkommt, wird er dies mit lautem und freudigem Bellen honorieren und unverzüglich die Tulpenzwiebeln wieder neu verbuddeln, und zwar meist genau an der gleichen Stelle. Sobald er danach wieder in der Menschenhütte ist, ist das Ihr Signal, das Spiel zu wiederholen und das können Sie dank der Ausdauer Ihres zweibeinigen Lieblings beliebig oft fortsetzen.

Eine andere Dressurübung nennt sich „Einsammeln und entfernen". Sie kommt der ausgeprägten Ordnungsliebe Ihres zweibeinigen Lieblings sehr entgegen. Verwenden Sie hierzu in der Menschenhütte liegende Tücher, Felle, Papiere oder andere leicht zerreißbare Gegenstände, die Sie in möglichst kleine Teile zerfetzen. Ihr Mensch darf diese daraufhin mit seinen Vorderpfoten aufsammeln und in einen dafür geeigneten Behälter schütten.

Um ihn nicht zu unterfordern und mit Blick auf die Geschicklichkeit seiner Vorderpfoten achten Sie darauf, dass die aufzuhebenden Teile möglichst klein und zahlreich sind.

Seine große Freude an dieser Übung schlägt sich darin nieder, dass Ihr Mensch diese mit aufgeregtem Bellen und heftigem Wedeln seiner Vorderpfoten begleitet, das Spiel immer wieder neu beginnt und immer sorgfältig darauf achten wird, nichts liegen zu lassen. Loben Sie ihn nach getaner Arbeit ausgiebig und mit heftigem Schwanzwedeln.

Eine Variante gibt es bei härteren Gegenständen, die dann meist eine längliche Form haben und die sich nicht zerbeißen lassen. Hier schließt sich oftmals ein Fangspiel an, bei dem der Mensch Ihnen mit freudigem Bellen, das phonetisch in etwa wie „Du blöde Töle gib mir sofort meinen Schraubenzieher zurück bleib sofort stehen" klingt. Auch bei dieser Übung entwickelt Ihr Mensch eine erstaunliche Ausdauer.

Tun Sie Ihrem zweibeinigen Liebling den Gefallen und brechen Sie das Spiel deshalb nicht vorschnell ab, sondern lassen Sie ihn ruhig eine Weile hinter sich herlaufen!

Beliebt ist unter Menschenhaltern auch, sich unter einen der in der Hütte aufgestellten Tische des Menschen zu legen, der dann versuchen muss, Sie darunter hervorzuholen. Ihr Mensch wird das durch das Anreichen von Leckereien oder durch den Versuch, Sie mit seinen Vorderpfoten zu packen, zu erreichen versuchen. Er wird dabei mit zunehmender Spieldauer mit immer freudiger erregtem Bellen was phonetisch wie „Komm sofort her du blöder Hund Du sollst herkommen sag ich" klingt reagieren. Besonders intelligente Menschen schaffen es dabei, den Tisch wegzuräumen, um von oben zuzugreifen, wobei Sie sich dann aber nur gemächlichen Schrittes unter einen anderen

Tisch bewegen müssen. Andere machen Klingelgeräusche an der Tür oder wedeln mit der Menschenleine – geben Sie gelegentlich Ihrem Menschen zur Honorierung seiner Bemühungen das Gefühl, darauf reingefallen zu sein, weil er sonst die Freude an dem Spiel verliert.

Eine lustige Variante dieser Übung heißt „Kriech und robbe". Bei diesem Trick geht es darum, dass Ihr Mensch über den Boden kriecht, um zu Ihnen zu gelangen. Er sollte dabei möglichst mit dem Bauch den Boden berühren.

Was dem Menschen – allerdings wegen seines schlechten Geruchssinnes nur mit sehr viel Geduld – auch beigebracht werden kann, ist, in der Hütte gesetzte Markierungspunkte zu finden. Sie erkennen den Erfolg dieser Übung daran, dass Ihr Mensch unter heftigem, entzücktem Wedeln mit seinen Vorderpfoten laut zu bellen beginnt, was phonetisch klingt wie „Was hast Du gemacht? Pfui Böser Hund!" Er wird die Markierungsstelle dann unter Einsatz von Wasser und Lappen sorgfältig beseitigen und sie aber trotzdem, wenn Sie die Stelle zu einem späteren Zeitpunkt wieder neu markieren, immer wieder finden. Achten Sie bei den Übungen wegen des schlechten Geruchssinnes Ihres zweibeinigen Lieblings dabei aber nur darauf, dass Sie immer genügend Urin verwenden, um die Stelle auch gut sichtbar zu gestalten.

Was Ihrem Menschen auch sehr gefällt, sind Tanz- und Springspiele. Nehmen Sie ein von ihm besonders häufig benutztes Stück Stoff oder Papier als Leckerli zwischen Ihre Zähne und beginnen Sie mit aufforderndem Schwanzwedeln vor ihm auf und ab zu laufen, recken Sie sich dabei und bewegen Sie sich rhythmisch von links nach rechts. Ihr zweibeiniger Liebling wird unverzüglich auf Sie zugeeilt kommen und beginnen, Ihren Bewegungen mit lautem Bellen und heftigen Bewegungen seiner Vorderpfoten zu folgen und diese nachzuahmen. Meist versucht er, das mit einem Fangspiel zu kombinieren, welches Sie deshalb diese Übung ruhig anschließen können.

Rüdchen machen fällt Ihrem Menschen sehr leicht, weil er ohnehin daran gewohnt ist, sich auf zwei Beinen, also im aufrechten Gang fortzubewegen. Sie müssen sich dazu nur vor ihn hinstellen und ihn mit den Augen begleitet von Schwanzwedeln und Hecheln fixieren. Er wird nach einer gewissen Zeit dann aufstehen und vor Ihnen auf und abspringen. Meistens können Sie ihm beibringen, Sie dann im Anschluss noch ausgiebig mit seinen Vorderpfoten zu kraulen.

Eine weitere Dressurübung besteht darin, Ihrem Menschen beizubringen, zu warten und erst auf Ihr Kommando zu reagieren. Wenn Ihr zweibeiniger Liebling Ihnen beispielsweise verpackte Nahrungsvorräte mitbringt, können Sie ihn dazu bringen, dass er mit dem Auspacken und der Übergabe wartet, bis Sie sich vor ihn hinstellen, Rüdchen machen und ihn damit auffordern, sein Ritual zu beginnen, statt zuzulassen, dass er die Nahrungsvorräte von sich aus auspackt und einfach in Ihren Fressnapf steckt.

Kapitel 17

Der Mensch ist kein Hund – aber er hat trotzdem Rechte!

Aufgrund der Tatsache, dass der Mensch am stärksten auf optische Reize reagiert, hat er ein geradezu unbändiges und exzessiv ausgelebtes Verlangen nach der Nähe von Lichtern der unterschiedlichsten Art. Der Mensch ist dabei nicht wählerisch, was Art und Größe der Lichtquellen angeht, Hauptsache, die Lichter sind bunt und zahlreich genug. Insbesondere bei Dunkelheit zündet der Mensch leidenschaftlich gerne solche Lichter an, was ihm Geborgenheit und Schutz gibt.

Gegen Jahresende entwickelt sich beim Menschen diese Leidenschaft zu einer regelrechten Raserei. Er hängt dann noch Unmengen zusätzlicher Lichter in Bäume, Äste und an buchstäblich jeden freien Platz

Beachten Sie: Anders als der Hund fürchtet sich der Mensch vor der Dunkelheit! Dunkelheit löst Urängste bei Ihrem zweibeinigen Liebling aus.

außen an die Menschenhütte auf. Eine Woche später schießt er dann sogar noch als Krönung des Ganzen Unmengen von Lichtern in den Himmel. Ein ganz großes bei diesem Anlass auftretendes Problem ist, dass der Mensch zusätzlich noch einen – ihm aufgrund seines schlechteren Gehörs gar nicht so bewussten – Höllenlärm veranstaltet, was für hündische Ohren äußerst schmerzhaft ist. Weil der Mensch nicht richtig riechen kann, nimmt er des Weiteren den von solchen Aktivitäten ausgehenden Gestank nicht wahr. Durch diese Unmenge von Lärm und Licht versucht der Mensch – sonst eher bemüht, sich vor seinen potenziellen Feinden zu verstecken oder diese zu beschwichtigen – gegen Jahresende regelmäßig, mutig zu sein. Danach ist dieser exzessive Anfall von Mut ein ganzes Jahr lang vorbei und wird sich erst wieder am Ende des Folge-jahres wiederholen. Vermutlich kompensiert der Mensch mit einem wahren Mutausbruch auf diesem Wege sein sonst eher defensives Verhalten Hunden und Artgenossen gegenüber.

*Das Jahresende ist immer
die stressigste Zeit für den
Menschenhalter!*

Der Mensch aber hat seine Freude an diesen Aktivitäten, braucht diese sogar zwingend für sein Selbstbewusstsein und für seine innere Ausgeglichenheit. Auf seine Art wird er auch immer ver-suchen, diese Freude mit Ihnen zu teilen. Das Ergebnis ist, dass er Ihnen besonders viel und besonders sorgfältig ausgesuchte Nah-rung in diesen Tagen gibt und als Zeichen höchster Wertschätzung und als ganz besondere Unterwerfungsgeste verpackt er sogar lie-bevoll die Ihnen zugedachte Nahrung – ein Ritual, das Menschen sonst nur im Umgang untereinander zelebrieren. Für Sie als Hund ist es zwar umständlich und lästig, einen Knochen vor dem Verzehr oder dem Verbuddeln von Papier und allen möglichen Bändern und Schleifen befreien zu müssen, aber tun Sie ihrem zweibeinigen Liebling den Gefallen und nehmen Sie den Knochen mit heftigem und freudigen Wedeln an. Ein strahlender Blick aus glücklichen Menschenaugen wird Sie für den Entpackungsaufwand mehr als entschädigen.

*Gehen Sie in diesen Momenten
keinesfalls zu Ihrem Napf, um
dort Ihre Nahrung zu holen. Das ist
zwar weniger aufwändig für Sie,
wird aber große Enttäuschung bei
Ihrem Menschen auslösen.*

Manche Menschenhalter zwingen ihre Menschen durch lautes Jaulen und Bellen und energischen Zug an der Menschenleine, in die Hütte zurückzukehren und mit Blick auf den Lärm, die Gefahren, den Stress und den Gestank ist das alles auch nachvollziehbar. Allerdings setzt sich zunehmend die Position unter Menschenhaltern durch, dem Menschen seine Freude zu lassen. Erschöpft von den ganzen Aktivitäten, wird sich Ihr Mensch in den Folgewochen um so rührender um Sie kümmern. Weil der Mensch in dieser Zeit sehr viel zusätzliche Nahrung aufnimmt, ist er danach außerdem motivierter denn je, ausgedehnte Spaziergänge im Schnee mit Ihnen zu machen.

Bei diesen Spaziergängen entwickelt der Mensch oftmals die merkwürdige Gewohnheit, aus Schnee geformte kleine Kugeln zu werfen und sie sich von Ihnen zurückbringen zu lassen. Weil sich Schneebälle natürlich nicht transportieren lassen und wegen ihrer raschen Selbstauflösung auch keinen Zweck erfüllen und dazu auch noch kalt sind, ist dieses Spiel reichlich absurd. Tun Sie Ihrem zweibeinigen Liebling aber den Gefallen und spielen Sie mit. Sie brauchen den Schneeball natürlich nicht zu holen, es reicht, wenn Sie ihm während des Fluges nachlaufen und Ihr guter Wille wird mit einem freudigen Bellen was phonetisch in etwa mit „Guck mal wie süß und wieviel Spaß der Kleine im Schnee hat" honoriert werden.

Der Mensch geht tatsächlich davon aus, er könne Bälle aus Schnee herstellen. Er weiß es nicht besser, lassen Sie ihm also die Freude.

Einige Monate später gibt es bei einigen Menschenrassen – nicht bei allen – nochmal eine von lautem und freudigem Bellen, das phonetisch klingt wie »Kölle alaaf alaaf« begleitete enorme Häufung von Lärm und Licht. Allerdings verlässt den Menschen hier bereits wieder sein Mut und er entwickelt eine gesunde Vorsicht, indem er sich aufwändig durch Verhüllung in Tücher und Decken und durch Bemalung mit Farbe tarnt, bevor er auf die Straße geht. Bedenken Sie dabei einmal mehr, dass Menschen sich wegen ihres schlechten Geruchssinnes nicht gegenseitig wittern können, sondern überwiegend über optische Reize miteinander kommunizieren. Seien Sie also sensibel und taktvoll, wenn Ihr Mensch sich sorgfältig getarnt vor Verlassen der Menschenhütte vor Ihnen aufbaut und ernsthaft prüft, ob Sie ihn noch erkennen!

Diese Aktivitäten, die oft mehrere Tage dauern, sind für den Menschen ausgesprochen stressig – nicht nur für Sie als seinen Herrn und Meister. Wegen dieses Stresses hat der Mensch einen erhöhten Flüssigkeitsbedarf und nimmt in der Zeit folgerichtig viel mehr Getränke als sonst üblich zu sich. Sie wiederum müssen natürlich höllisch auf ihn aufpassen, weil er in den großen Rudelaufläufen endgültig jedes Gefahrenbewusstsein verliert. Danach ist der Mensch meistens so erschöpft, dass er tagelang völlig phlegmatisch in der Menschenhütte liegt.

Respektieren Sie diese
Eigenart des Menschen!

Wegen seiner körperlichen Unzulänglichkeiten – bei aller optisch adretten Schönheit schwache Zähne, ungeeignet zum Halten und Zerren, geringe Reichweite der Zunge, Unfähigkeit, auf allen Vieren zu gehen, beschränkter Geruchssinn – braucht der Mensch selbst für einfachste Alltagsaufgaben vielfältige, manchmal geradezu skurril anzusehende Hilfsmittel und Werkzeuge. Egal ob beim Öffnen eines Nahrungsbehälters, wofür er extra komplizierte Geräte anfertigt, statt einfach die Zähne zu nehmen, oder beim Gehen im Freien, wo er seine Pfoten vorher mit Leder gegen den harten Untergrund schützen muss – überall begleitet den Menschen das im Alltag!

Die Unmenge herumliegender Werkzeuge und Hilfsmittel ist ideal für Zerr-, Rauf- und Fangspiele geeignet. Ihr Mensch wird sich immer augenblicklich und mit großer Begeisterung dadurch von seinen gerade ausgeübten Tätigkeiten ablenken lassen und das von Ihnen begonnene Spiel mit lautem freudigem Bellen, das phonetisch klingt wie „Lass sofort den Zollstock los sonst setzt es was oder Tu Was Dein Hund hat mir gerade den Lappen geklaut", begleiten. Brechen Sie aber irgendwann das Spiel ab und lassen Sie den Menschen seine ursprüngliche Tätigkeit zu Ende führen. Er wird anderenfalls hektisch und unzufrieden, was zu Panikattacken und aggressiven Schüben führen kann. Auf Ihren Menschen in all diesen kleinen Dingen einzugehen, heißt in keinster Weise, Ihre Stellung als Rudelführer in Frage zu stellen, trägt aber enorm zum Wohlbefinden und zur Weiterentwicklung Ihres zweibeinigen Lieblings bei, der Ihnen das auf seine Art auch immer dafür dankbar sein wird!

Kapitel 18

Wie bekomme ich meine Menschen hüttenrein?

Bis auf in extremen Notsituationen oder in ganz jungem Welpenalter werden Sie kaum ernsthaft auf die Idee kommen, Ihre Notdurft in der Menschenhütte oder in Ihrem Körbchen zu verrichten!

Sie werden sich außerdem die geeignete Stelle zur Verrichtung Ihrer Notdurft immer vorher sorgfältig aussuchen. Deren Auswahl im Kleinen wie im Großen muss schließlich wohl überlegt werden. Ist die richtige Stelle gefunden, lange genug umkreist, geprüft, beschnuppert und für gut befunden, ist sie frei von Lärm, Behinderungen und möglichen unliebsamen Störungen und stellt sie dann noch eine gut auffindbare und sichtbare Markierung für andere Hunde dar, erst dann, wenn all das gegeben und genau vorbereitet ist, werden Sie mit dem Beginn der Notdurft starten.

Der Mensch verhält sich völlig anders. Bei ihm sind es nämlich genau umgekehrt nur extreme Notlagen, die ihn dazu bringen können, seine Notdurft außerhalb der Menschenhütte zu verrichten. Insofern wird Ihr Mensch niemals in unserem Sinne hüttenrein sein.

> Ihr Mensch scheut das Freie. Vermutlich sind das Urinstinkte. Der Mensch ist sehr wahrscheinlich beim Verrichten seiner Notdurft oft die wehrlose Beute anderer Raubtiere geworden und hat sich deshalb hierzu in den Schutz seines markierten und vom Hund bewachten Gebietes im Laufe der Jahrtausende seiner Domestizierung zurückzuziehen begonnen.

Diese Urängste sitzen tief und sind nicht wegdressierbar! Auch wenn der Mensch mit Ihnen unterwegs ist, also selbst in der schützenden Gegenwart des Hundes, wird er sich so gut wie nie trauen, seine Notdurft im Freien zu verrichten.

Die gute Nachricht ist aber dabei, dass er trotz seines schlechten Geruchssinnes immerhin seine Notdurft nicht willkürlich in der Hütte verrichtet, sondern er wählt dafür einen Platz, den er danach bis an sein Lebensende beibehält und nicht wieder wechselt. Zur Verrichtung seiner Notdurft setzt er sich auf ein weißes, immer über einem Fluss angeordnetes Gestell. Dieser Fluss nimmt nach getanem Werk seine Notdurft mit. Die Beendigung der Notdurft zeigt der Mensch durch ein gurgelndes Geräusch an. Insofern schützt der Mensch auf seine Weise die Hütte vor Schmutz und Gestank, indem er wenigstens seine Notdurft selbstständig entsorgt.

Wenn Ihr zweibeiniger Liebling diese
Entsorgung durch ein gurgelndes Geräusch
angekündigt hat und wieder zu Ihnen
zurückkehrt, loben Sie ihn deshalb kurz mit
Schwanzwedeln oder Pfoten lecken und
springen Sie ein paar Mal vor ihm auf und
ab. Der Mensch weiß dann, dass er richtig
gehandelt hat.

Bestenfalls die kleine Notdurft verrichten die Rüdchen (die Weibchen nicht) im Stehen. Ihr Rüde schafft es dabei erstaunlicherweise,
das Gleichgewicht zu halten, ohne sein Bein zu heben. Dadurch lei-
det aber seine Treffgenauigkeit, weshalb häufig nicht der gesamte
Urin im Fluss landet. In der Menschenhütte kann das zu einem un-
angenehmen Geruch führen, weshalb unter den meisten Menschen
das Verrichten der Notdurft im Stehen verpönt ist. Der Mensch ist
aber grundsätzlich sehr reinlich und wird, wenn auch zeitversetzt,
diese Reste seiner Notdurft regelmäßig und unaufgefordert beseitigen.

Kapitel 19

Sollen Menschen ein eigenes Körbchen haben oder nicht?

Das ist umstritten. Kein Mensch käme je auf die Idee, sich in das Körbchen seines Hundes zu legen. Die Vorstellung ist absurd. Der Mensch erkennt den Herrschaftsanspruch des Hundes nämlich instinktiv an. Er weiß also genau, dass Sie als sein Herr und Meister allein entscheiden, wer sich wo in seiner Hütte niederlässt. Und er weiß folglich, dass Ihr Körbchen für ihn tabu ist.

Der Mensch verwendet tagsüber und abends andere Körbchen als nachts zum Schlafen. Die von ihm tagsüber und abends genutzten Körbchen stehen nicht zur Diskussion. Sie werden von Ihnen natürlich mitgenutzt. Wenn Ihr Mensch sich dort niederlässt, werden Sie sich in der Regel also einfach dazulegen und ihn dort bewachen oder mit ihm spielen, wonach auch immer Ihnen gerade der Sinn steht. Der Mensch wird sich darüber freuen, meist lehnt er sich dann anhänglich an Sie und lässt sich von Ihnen wärmen. Seine Zuneigung zeigt er Ihnen durch Kraulen und Streicheln – erwidern Sie das ruhig Ihrerseits durch gelegentliches Lecken und Wedeln.

Nachts versucht der Mensch möglicherweise, sich zurückzuziehen, um sein Körbchen für sich zu haben. Andererseits ist er aber sehr gesellig. Männchen und Weibchen schlafen deshalb meist im gleichen Körbchen. Trotz dieser Geselligkeit kann es Ihnen passieren, dass der Mensch vor allem in der ersten Zeit versucht, sein Nachtkörbchen für sich zu haben.

Das geht in keinem Fall. Wehren Sie den Anfängen!

Erstens braucht der Mensch gerade nachts, wenn er schläft und besonders wehrlos ist, Ihren Schutz. Und zweitens ist das Ihre Hütte und damit auch Ihr Körbchen – nicht umgekehrt. Der Mensch wird mitunter die Tür vor seinem Körbchen zumachen und versuchen, Sie auf diesem Wege von sich fernzuhalten.

Welche Erziehungsmethode wenden Sie an?

Machen Sie gleich in der ersten Nacht die Tür auf. Wenn Sie die nötige Körpergröße haben, drücken Sie die Klinke herunter. Wenn Sie kleiner gebaut sind, öffnen Sie die Tür, indem Sie am besten unten links kratzen und dagegen drücken. Lackschäden sind kein Problem, sondern zeugen davon, dass Sie Ihre Position als Herr in der Hütte ernst nehmen. Wenn die Tür offen ist, springen Sie ohne Zögern und Vorrede auf kürzestem Wege in das Körbchen. Der Mensch wird unverzüglich mit entzückten Ausrufen reagieren. Manche Menschen sind verspielt und fangen an, mit Ihnen zu raufen und tun so, als würden sie Sie aus dem Körbchen vertreiben wollen. Spielen Sie ruhig eine Weile mit. Ihr Mensch braucht Spaß und Beschäftigung. Irgendwann wird Ihr Mensch etwas bellen, das phonetisch wie „Also gut dieses eine Mal heute" klingt. Übersetzt heißt das: Das Körbchen gehört Ihnen.

Legen Sie sich immer ans Fußende, weil Sie dort Fenster und Tür – also die Stellen, über die sich Eindringlinge nähern können - im Blick haben und auch um Ihre Position als Rudelführer zu dokumentieren. Wenn die Menschen eingeschlafen sind, können Sie aber im Laufe der Nacht Ihren Platz im Körbchen ruhig wechseln. Die meisten Menschen reagieren morgens mit entzücktem Bellen, wenn Sie ihr Gesicht unmittelbar neben Ihrem finden und zur Begrüßung von Ihnen abgeschleckt werden. Sie wissen dann auch, dass sie die Nacht dank Ihrer Wachsamkeit gefahrlos überstanden haben.

Kapitel 20

Wie man seine Menschen am besten und vor allem artgerecht beschäftigt

Der Mensch verbringt einen großen Teil seiner Zeit in Ihrer Hütte. Wenn Sie ihn also nicht Gassi führen, mit ihm spielen oder an seiner Erziehung arbeiten, müssen Sie immer ein wachsames Auge auf ihn haben. Meistens döst der Mensch vor sich hin. Weil er vor allem für optische Signale sehr empfänglich ist, betrachtet er deshalb mit Vorliebe und manchmal über Stunden hinweg helle, flimmernde rechteckige Kästchen, die oft noch zusätzlich mit akustischen Signalen kombiniert, aber völlig geruchsfrei sind. Der Mensch begleitet deren Betrachtung oft mit einem rhythmischen Trommeln seiner Vorderpfoten. Er benutzt dabei Kästchen unterschiedlicher Größe, sehr kleine für unterwegs, mittelgroße tagsüber und sehr große abends. Wenn der Mensch dies in Gegenwart von Artgenossen tut, wird dabei interessanterweise untereinander so gut wie nicht kommuniziert. Der Mensch wird dann höchstens am Anfang

Laute von sich geben, die phonetisch wie „Weisst Du wo ich mein Iphone gelassen habe oder ich muss noch mal kurz an den PC oder wo ist die Fernbedienung von dem Fernseher" klingen.

Ab und zu wird sich Ihr Mensch – meist regelmäßig zu bestimmten Zeiten – aus Ihrer Hütte entfernen und erst nach mehreren Stunden wiederkommen. Er bringt manchmal bei seiner Rückkehr Nahrung und Vorräte mit und ist dann entsprechend gut gelaunt, oft regelrecht aufgekratzt. Meistens kommt er aber mit leeren Händen zurück. Er wirkt dann oft sehr angespannt und übermüdet, vor allem, wenn er erst nach Einbruch der Dunkelheit zurückkommt und lange unterwegs war.

Begrüßen Sie Ihren Menschen bei seiner Rückkehr immer stürmisch und freudig, auch und gerade dann, wenn er ohne Beute zurückkommt.

Springen Sie eine Weile an ihm hoch, wedeln Sie mit dem Schwanz und lecken Sie ausgiebig seine Hände. Geben Sie Ihrem Menschen das Gefühl, als hätten Sie ihn wochenlang vermisst und als würde Ihr Leben mit seiner Rückkehr endlich wieder einen Sinn erhalten. Übertreiben Sie ruhig! Ihr Liebling wird sich immer unbändig über die Herzlichkeit Ihrer Begrüßung und über Ihre Zuwendung freuen, selbst wenn diese Ihnen pathetisch überzogen vorkommt. Machen Sie ihm keine Vorwürfe, wenn er mit leeren Händen erscheint. Der Mensch tut in der Regel sein Möglichstes, um Ihnen zu gefallen, aber er ist kein Jagdhund. Legen Sie keine Maßstäbe an ihn an, die er nicht erfüllen kann!

Sie als sein Herr und Meister beginnen und beenden die Begrüßung - lassen Sie dies keinesfalls Ihren Menschen bestimmen!

Wenn Ihr Mensch danach wieder vor sich hin döst und in der Betrachtung seiner rechteckigen Kästchen versunken ist, können Sie sich ruhig zu ihm legen. Der Mensch wird Ihr Lecken durch Kraulen und Streicheln erwidern, weil er mit seinen Vorderpfoten wesentlich geschickter ist als mit seiner Zunge. Ansonsten braucht er in diesen Phasen wenig Beschäftigung. Auch sein Futter holt er sich selber. Hierfür hat er in einem geeigneten Raum der Menschenhütte eigens verschiedene Kästen aufgestellt, in denen er sein Futter versteckt hält.

Auch bei Kontaktaufnahmen jenseits der Begrüßung zu Ihrem Mensch ist es wichtig, dass Ihrer Stellung als Rudelführer gemäß immer der Hund – nie der Mensch – die Kommunikation beginnen sollte. Wenn Sie durch Jaulen, Knurren oder Bellen Kontakt zu Ihrem Menschen aufnehmen, wird er darauf aber unverzüglich und erfreut reagieren. Sein eigenes Bellen unterlegt er dabei meist durch weit ausholende, kreisende Bewegungen seiner Vorderpfoten oder schnelle Auf - und Ab-Bewegungen seiner ausgestreckten rechten Vorderpfote. Je lauter Sie jaulen, knurren oder bellen, desto mehr wird Ihr Mensch versuchen, es Ihnen gleichzutun. Beenden Sie das Spiel irgendwann durch einfachen Rückzug. Ihr Mensch wird dann seinerseits sein Jaulen, Knurren oder Bellen einstellen und dies erst auf Ihre ausdrückliche Aufforderung hin wieder aufnehmen.

Der Mensch ist zwar passiv und braucht Ihren Anstoß, um aus seiner Lethargie auszubrechen, ist gleichzeitig, einmal aktiviert, dann aber sehr verspielt und kommunikativ.

Beachten Sie dabei immer: Ihr Mensch weiß nicht, dass Sie kein Artgenosse sind!

Viele Ihnen merkwürdig erscheinende Verhaltensweisen Ihres Menschen sind genau darauf zurückzuführen. Ein klassisches Beispiel: Der Mensch versucht oft mit Ihnen so zu spielen, dass er Ihr Futter versteckt, indem er es in besondere Fächer steckt. Er freut sich immer unglaublich, wenn Sie das Futter finden, indem Sie den richtigen Kasten öffnen und übersieht dabei völlig, dass Sie das Futter über Ihren ihm fremden Geruchssinn mühelos identifizieren und er sich das Verstecken natürlich sparen kann. Tun Sie ihm aber den Gefallen und machen Sie mit. Ihr Mensch weiß es nicht besser. Er ist kein Hund!

Kapitel 21

Gemeinsame Spaziergänge – der Mensch braucht Auslauf

Glücklicherweise ist die Vorliebe für das Spazierengehen eine große Gemeinsamkeit zwischen Hunden und Menschen. Hier ergibt sich für Sie eine ideale Möglichkeit, Ihre Lieblinge sinnvoll zu beschäftigen. Beachten Sie: Ihr Mensch braucht täglich seinen Auslauf. Die Schwierigkeit dabei ist nur, dass Menschen zwar im Welpenalter sehr wohl noch auf allen Vieren laufen können, diese Fähigkeit aber merkwürdigerweise schon nach wenigen Jahren dauerhaft verlieren und sich danach nur noch auf zwei Beinen fortbewegen können. Ihre Menschen haben also aufgrund dieses Handicaps und ihrer Körpergröße – Menschen können in aufrechter Haltung Höhen von bis zu 2 m erreichen! – das Problem, dass sie beim Spazierengehen nur sehr begrenzt Bodenkontakt aufnehmen können.

Machen Sie sich also immer bewusst, dass Ihre Menschen beim Spaziergang deutlich weniger von ihrer Umwelt wahrnehmen werden, als Sie das können!

Hinzu kommt, dass Menschen zwar hervorragend sehen können, weshalb sie die meisten Reize auch optisch verarbeiten und sehr stark auf bewegliche und insbesondere auf bunte Objekte reagieren, aber nur ein mittelmäßig entwickeltes Gehör und vor allem einen sehr schlechten Geruchssinn haben. Menschen haben nur fünf Millionen Riechzellen – zum Vergleich: Dackel haben davon 125 und Schäferhunde 220 Millionen! Das Riechhirn macht beim Hund 10 % des Gehirns aus, beim Menschen gerade mal 1%. Menschen können nach heutigem Stand der Forschung außerdem sehr wahrscheinlich im Gegensatz zu Hunden auch nicht mit dem rechten und dem linken Nasenflügel getrennt riechen und sind deshalb nur sehr begrenzt in der Lage, Gerüche zuzuordnen, insbesondere alte von neuen Gerüchen zu unterscheiden. Dies alles müssen Sie beim gemeinsamen Spaziergang beachten. Der Mensch ist kein Hund!

Wenn Sie den Spaziergang mit Ihrem Menschen beginnen, reicht es in aller Regel, seine Gehhaltung zu imitieren, indem Sie sich kurz aufrecht vor ihm hinstellen. Er wird dann unverzüglich die Menschenleine holen – im Normalfall macht der Mensch das selbstständig. Wenn er wider Erwarten – der Mensch neigt mitunter zur Bequemlichkeit – nicht reagiert, holen Sie die Leine und drücken Sie sie ihm in die Pfote. In besonders harten Fällen hilft ein längeres, anhaltendes Jaulen. Vermeiden Sie in dem Zusammenhang aber, in Ihrer Hütte Ihr Bein zu heben, um Ihrer Aufforderung, den Spaziergang zu beginnen, Nachdruck zu verleihen. Menschen reagieren darauf ausgesprochen panisch.

Leinen Sie Ihren Menschen grundsätzlich zumindest bei den ersten gemeinsamen Spaziergängen an. Zweckmäßig ist, dass Sie die Leine um den Hals und noch zusätzlich zwischen den Zähnen tragen und der Mensch das andere Ende in einer seiner Vorderpfoten hält, weil er die im Gegensatz zu Ihnen zum Gehen ja eh nicht benötigt.

Nochmals: Beachten Sie, dass der Mensch durch seinen schlechten Geruchssinn und die verlernte Fähigkeit, auf allen Vieren zu gehen, die Umwelt ganz anders als Sie und nur sehr begrenzt wahrnimmt. Anders als Sie geht der Mensch um des Gehens willen, er wird sich auf Sie als seinen Herrn und Meister konzentrieren, seiner Umwelt aber kaum Beachtung schenken, außer, er erhält extrem starke äußere Anreize. Ohne Leine besteht die Gefahr, dass der Mensch immer weiter geradeaus geht, ohne auch nur ein einziges Mal anzuhalten. Durch ein kurzes Ziehen an der Leine bringen Sie Ihren Menschen dazu, stehen zu bleiben. Wenn das nicht hilft, heben Sie kurz Ihr linkes hinteres Bein oder bleiben Sie in besonders hartnäckigen Fällen stehen, um Ihre Notdurft zu verrichten. Darauf wird der Mensch in jedem Fall reagieren und unverzüglich anhalten. Manchmal reagiert der Mensch allerdings auch panisch und versucht, Sie hastig wegzuziehen – es gibt offensichtlich Markierungspunkte, vor deren Benutzung der Mensch Angst hat. Vor allem in geschlossenen Räumen müssen Sie mit solchen Panikattacken rechnen.

> Lassen Sie am Anfang Ihren Menschen die Route wählen und achten Sie darauf, dass er sie sich einprägt. Wenn er sich verläuft, reicht auch hier ein kurzer Zug an der Leine, um ihn wieder auf den richtigen Weg zu bringen.

Auf kurze Entfernungen haben Menschen einen guten Orientierungssinn und können sich einen einmal gewählten Weg relativ schnell gut merken. Wie wir Hunde auch neigen Menschen dazu, eine einmal gewählte Route beizubehalten und auf diesem Wege ihr Revier abzugehen. Größere Entfernungen überwinden Menschen durch motorisierte Fortbewegungsmittel, die sie am Zielort aber stehen lassen, um sich dort ebenfalls nach festen Routen wieder zu Fuß weiterzubewegen. Der Mensch wird sich bei den Spaziergängen immer Ihnen unterordnen, was in seinem Naturell liegt. Sie ziehen an der Leine, nicht er! Er hat zwar nicht die Schnelligkeit und die Aufmerksamkeit eines Hundes, aber eine enorme Ausdauer. Es sind schon Menschen beobachtet worden, die über Stunden einen Weg entlanglaufen können, ohne auch nur einmal stehenzubleiben, um ihre Umgebung näher zu untersuchen oder ohne ihn auch nur einmal zu verlassen.

Der Mensch versucht erst gar nicht, an Bäumen, Pfählen, Gebüschen oder anderen Orientierungspunkten anzuhalten und diese zu beschnuppern oder zu markieren, sondern geht an diesen – wenn Sie ihn nicht stoppen – achtlos vorbei. Er ist außerdem stark auf Wege oder Straßen fixiert, die er ungerne verlässt, außer Sie ziehen ihn in ein Gebüsch. Nur auf großen, weiten Wiesen lockert er diese Verhaltensweise.

Wenn Sie teilweise oder ganz unterwegs auf die Menschenleine verzichten oder diese Ihrem Menschen aus der Pfote reißen, ist das grundsätzlich unproblematisch. Die Gefahr, dass Ihr Mensch Ihnen beim Spaziergang wegläuft, besteht nicht. Er wird sich immer in Ihrer Nähe aufhalten und Ihren Schutz suchen. Egal, wie sehr er in Ihrer Hütte gegen Sie aufbegehren mag, im Freien wird er immer Ihre Rolle als Rudelführer akzeptieren. Wenn Sie Ihrerseits Ihren Menschen wegen Begegnungen mit anderen Hunden oder beispielsweise um einen Hasen zu jagen, verlassen, wird Ihr Mensch sofort in Panik verfallen und lautstark zu bellen und hektisch mit seinen Vorderpfoten zu wedeln beginnen und sich erst wieder beruhigen, wenn er wieder angeleint ist.

Lassen Sie deshalb Ihren Menschen nie zu lange beim Spaziergang allein. Er regt sich schon nach kurzer Zeit so auf, dass dieses Verhalten zu Recht als Menschenquälerei gesehen werden muss.

Viele Menschen klammern sich deshalb auch ängstlich an der Leine fest und lassen diese den gesamten Spaziergang über nicht los. Andererseits: Wenn Sie ohne Menschenleine unterwegs sind, sich vom Menschen entfernen und Ihr Mensch Sie lautstark auffordert, zu ihm zurückzukommen, setzen Sie keine falschen Signale. Sie entscheiden über den Zeitpunkt der Fortsetzung des gemeinsamen Spaziergangs und nicht Ihr Mensch. Bringen Sie Ihrem Menschen deshalb unbedingt von Anfang an bei, dass Sie auf sein Bellen so reagieren, wie es Ihnen passt – keinesfalls umgekehrt! Ihr Mensch muss lernen, warten zu können.

Kapitel 22

Raufereien, Geschicklichkeitsspiele und Lernübungen

Menschen sind intelligente Spielkameraden und dabei sehr lernfähig, verspielt und ausdauernd. Insofern gibt es vielfältige Möglichkeiten, Ihren zweibeinigen Liebling sinnvoll zu beschäftigen.

Verhundlichen Sie Ihren Menschen aber nicht beim Spielen. Vor allem, wenn er sich scheinbar wie ein Hund verhält - er bleibt ein Mensch!

Ein bei fast allen Menschenhaltern sehr beliebtes Spiel ist das Fangenspielen. Es bietet sich vor allem im Zusammenhang mit Spaziergängen an und Sie brauchen hierzu nur eine ausreichend große Wiese. Geeignet ist auch ein Garten, der sich häufig unmittelbar an der Menschenhütte befindet. Es gibt für dieses Spiel entsprechend der jeweiligen Umgebung zwei Varianten.

Im Garten und ohne Leine – laufen Sie kreisförmig um Ihren Menschen herum, beginnen Sie zu hecheln und erhöhen Sie nach und nach die Geschwindigkeit, bis der Mensch beginnt, hinter Ihnen her zu laufen. Passen Sie aber Ihr Tempo seiner begrenzten Geschwindigkeit an und machen Sie immer wieder Pausen, damit er aufholen kann – er verliert sonst leider rasch die Lust an dem Spiel. Geben Sie ihm immer wieder die Hoffnung, dass er Sie einholen kann – der Mensch ist so in sein Spiel vertieft, dass er nicht merken wird, dass er Sie ohne Ihre aktive Unterstützung gar nicht einholen kann. Wenn Sie dabei laut bellen, verstärkt der Mensch daraufhin seine Bemühungen. Besonders lustig wird das Spiel, wenn Ihr Mensch seinerseits laut zu bellen beginnt, was phonetisch in etwa so klingt wie „Komm sofort her verdammt noch mal. Komm sofort rein!" In solchen Momenten hat der Mensch dann besonders viel Spaß, sein Gesicht wird sich röten und er wird immer lauter und aufgeregter bellen und als Zeichen seiner Freude heftig mit den Vorderpfoten wedeln.

Sie beginnen und Sie beenden das Spiel - niemals der Mensch. Wenn Sie von kleinerer Körpergröße sind, können Sie mühelos erreichen, dass Ihr Mensch Sie als Zeichen der Dankbarkeit für die ihm gegebene Abwechslung zur Belohnung dafür in die Menschenhütte zurückträgt. Das ist wegen der natürlichen, meist dann noch angestiegenen Körperwärme des Menschen sehr angenehm. Der Mensch wird dabei seinerseits wohlig vor sich hin knurren.

Unterwegs beim Spazierengehen ist Ihr Mensch meistens nach einer gewissen Zeit des vergeblichen Versuches, Sie einzufangen, noch aufgeregter, vor allem, wenn Sie das Spiel für ihn überraschend beginnen, indem Sie ihm die Menschenleine aus der Vorderpfote reißen. Für seine Verhältnisse kann er hier erstaunliche Geschwindigkeiten erreichen und er wird dabei besonders lang und laut bellen. Nehmen Sie sich dann unbedingt Zeit und lassen Sie ihn das Spiel genießen!

Nutzen Sie beim Fangenspielen immer freie Flächen. Der Mensch kann Ihnen wegen seiner Körpergröße und gehandicapt durch sein Laufen in aufrechter Haltung nur schwer in die Gebüsche folgen – das tut er nur sehr ungern, und weil er kein schützendes Fell hat, besteht Verletzungsgefahr, weil er Ihnen abgelenkt durch das Spiel unaufmerksam gegenüber Dornen und Brennnesseln folgen wird.

Vor Versteckspielen ist eher abzuraten – vor allem in fremder Umgebung. Ihr Mensch wird meist wenig Freude an dem Spiel haben, weil er Sie wegen seines schlechten Geruchssinns nicht wittern kann. Zudem gerät er schnell in Panik, wenn Sie aus den Augen verliert. Zwar finden manche Menschenhalter sein lautes, klagendes oder zorniges Bellen dann komisch – aber für den Menschen ist es das eben nicht! Vielmehr artet das Spiel sehr schnell in Menschenquälerei aus und Sie sollten beim Versteckspielen – wenn überhaupt – sehr sensibel darauf achten, Ihren Menschen nicht zu überfordern und vor allem nicht allzu lange außerhalb seines Blickfeldes zu bleiben.

Menschen – vor allem Rüden – raufen gerne. Beginnen Sie das Spiel, indem Sie sich ducken und mit beiden Vorderpfoten zu wedeln beginnen – so, wie der Mensch das macht, wenn er Besucher begrüßt oder Unterhaltungen mit Artgenossen führt. Der Mensch wird sich dann auf allen Vieren auf den Boden legen und Sie spielerisch mit seinen Vorderpfoten attackieren. Während Sie ihn leicht mit den Zähnen zwicken, wird er aber nie zurückbeißen und das Nutzen seiner Zähne lässt sich ihm auch nicht beibringen. Der Mensch bleibt ganz auf seine Pfoten fixiert, mit denen er aber mitunter eine erstaunlich geschickte Beweglichkeit entwickelt.

> Achten Sie beim Zwicken mit den Zähnen darauf, dass der Mensch kein schützendes Fell hat. Beißen Sie behutsam und vorsichtig zu!

Zum Raufen können Sie auch Spielsachen wie Decken, Handtücher oder Stofftiere verwenden. Nehmen Sie das eine Ende des Spielzeugs fest in Ihr Maul und lassen Sie den Menschen am anderen Ende mit seinen Vorderpfoten ziehen. Das Ziel des Spiels versteht Ihr Mensch sofort: Wer als erster loslässt, hat verloren. Besonders gerne hat es Ihr Mensch, wenn Sie dazu persönliche Gegenstände von ihm statt Ihrer eigenen Sachen verwenden. Ideal geeignet sind Kleidungsstücke aller Art, je feiner und leichter, desto besser. Vor allem Weibchen werden mit erzückten Ausrufen und erfreutem Wedeln mit ihren Vorderpfoten reagieren, wenn Sie ihre Sachen nehmen – vor allem wenn Sie sich die Mühe machen, die Spielsachen vorher noch selbst aus ihren Verstecken zu holen.

Geduld erfordert es, dem Menschen das Appotieren beizubringen. Er verwendet hierzu bevorzugt Bälle oder Äste. Das Werfen dieser Gegenstände macht ihm keine Probleme, im Gegenteil, hier kommt ihm bedingt durch seine aufrechte Körperhaltung seine große Reichweite entgegen. Wenn Sie ihm die geworfenen Gegenstände holen und darauf warten, dass er sie Sie ihnen abzunehmen versucht und mit dem Raufen beginnt, wird er Sie meist nur ratlos angucken. Er wird stattdessen warten, bis Sie ihm die Gegenstände regelrecht vor die Füße legen. Kaum haben Sie ihm den Gegenstand zurückgebracht, wird er ihn wieder wegwerfen, und egal wie lange und geduldig Sie mit ihm üben, er ändert sein Verhalten nicht.

Am deutlichsten wird dieses Verhalten bei Ballspielen. Der Mensch betrachtet den Ball nicht als festzuhaltende Beute. Abgesehen davon, dass er mit den Vorderpfoten den Ball auch nicht so gut fest-

halten kann wie Sie mit Ihren Zähnen, liegt das in seinem Verhalten begründet. Der Mensch ist gewohnt, sich im Rudel dadurch zu unterwerfen, dass er erhaltene Gegenstände sofort wieder freigibt – auch im Umgang mit Artgenossen. Das ist auch der Grund, warum Menschen, die untereinander beim Ballspielen beobachtet werden, selbst bei zwei Dutzend Mitspielern mit einem einzigen Ball auskommen – für einen Hund geradezu unvorstellbar! Stellen Sie sich also unbedingt auf diese Spielgewohnheit Ihres Menschen ein.

Menschen verstehen einfache Befehle und haben eine Freude daran, diese auszuführen. Stellen Sie sich dazu vor Ihren Menschen, sehen Sie ihn aufmerksam an und reagieren Sie auf sein Bellen mit unterschiedlichen Gesten. Das kann das Einnehmen einer sitzenden oder liegenden Haltung sein, aber auch das sich Wälzen auf dem Boden oder das aufrechte sich Drehen auf den Hinterpfoten – ganz egal was Sie machen: Bringen Sie dem Menschen nur bei, dass Ihre Reaktion sich am Geräusch seines Bellens orientiert.

Wenn Ihr Mensch gelernt hat, dass ein phonetisch wie „Platz" klingendes Bellen bedeutet, dass Sie sich auf den Bauch legen, sollten Sie in keinem Fall plötzlich anfangen, daraufhin beispielsweise Rüdchen zu machen. Hierauf wird Ihr Liebling nämlich völlig verständnislos reagieren und seine Welt

Sie können ruhig auch mal Ihren Menschen dadurch anspornen, lauter und präziser zu bellen, indem Sie nicht jedes Mal sofort reagieren. Was Sie aber in keinem Fall tun sollten: Verwirren Sie Ihren Menschen nicht, indem Sie plötzlich anfangen, angelerntem Bellen mit abweichenden Reaktionen zu begegnen.

nicht mehr verstehen. Der Mensch hat an diesen Spielen eine unbändige Freude – wenn Sie das Spiel nicht irgendwann abbrechen, kann er das endlos mit Begeisterung fortsetzen. Das liegt sicher auch daran, dass für ihn die körperliche Anstrengung bei dem Spiel gering ist.

Kapitel 23

Der Wunsch des Menschen nach einem Umgebungswechsel – was ist in diesem Fall zu beachten?

Ein oder zwei Mal im Jahr braucht Ihr Mensch in der Regel einen Umgebungswechsel. Insbesondere, wenn Sie mehrere Menschen und darunter Welpen halten, ist das ein Thema.

Witzigerweise sucht der Mensch bei diesem Umgebungswechsel sich dann klimatisch völlig andere Orte aus als jene, in denen er üblicherweise lebt, und zwar solche, in denen es entweder viel zu heiß oder viel zu kalt ist. Aus dem Grunde kehrt er dann aber meist schon nach wenigen Wochen wieder reumütig zurück, was ihn nicht daran hindert, es spätestens im nächsten Jahr unverzüglich und unverdrossen wieder aufs Neue zu versuchen. Der Hintergrund dieses Rituals ist bis heute völlig ungeklärt. Bereits viele Wochen vor einem solchen Umgebungswechsel werden Sie große Aufregung bei Ihren zweibeinigen Lieblingen registrieren. Verstärkt wird für Ihren Menschen der Stress, weil er zu diesen Gelegenheiten eine Unmenge von viel zu viel Vorräten sorgfältig verpackt und mitnimmt, um der Urangst, an einem ihm fremden Ort ohne Nahrung, Schutz und Tarnung dazustehen, zu begegnen. Sie haben vom Grundsatz her die Möglichkeit, entweder Ihre Menschen zu begleiten oder Ihre Menschen alleine fahren zu lassen.

In letzterem Fall müssen Sie sich allerdings dann meist um die Welpen oder die Eltern Ihrer Menschen in der Zeit derer Abwesenheit kümmern.

Das kann durchaus Vorteile haben. Ihre so vorübergehend gehaltenen Menschen werden sich immer äußerst bemüht zeigen, es Ihnen in allen Lebenslagen recht zu macht und für Ihr Wohlbefinden zu sorgen. Meist zeigen Sie sich eifrig bemüht und sogar deutlich engagierter als Ihre eigenen Menschen. Sie profitieren hier von einem unbewussten Rivalisieren um Ihre Gunst. Gerade sonst freilebende Menschen versuchen in diesen Situationen besonders stark, Ihnen in der Hoffnung, Einlass in das Rudel zu finden, zu gefallen. Nach Rückkehr Ihrer Menschen drücken sie das durch ein Bellen, was phonetisch in etwa klingt wie „Er hat Euch gar nicht vermisst und war ja so lieb" aus. Oft führt die Rückkehr Ihrer Menschen danach zu regelrechten Machtkämpfen und einem Infragestellen der bisherigen Hackordnung. Als erfahrender Menschenhalter werden sie sich hier strikt neutral verhalten!

> Begrüßen Sie Ihre zurückgekehrten Menschen freudig, aber vernachlässigen Sie dabei nicht Ihre zwischenzeitlich aufgenommenen Menschen.

Machen Sie ruhig deutlich, dass Sie Ihre Zuneigung fortan gleichmäßig verteilen und auch vom Wohlverhalten des jeweiligen Menschen abhängig machen.

Einige Male in Ihrem Leben wechseln Menschen sogar dauerhaft ihren Aufenthaltsort. In diesen Fällen bleiben Sie aber meist in einer ähnlichen Klimazone wie der Gewohnten, sodass die Umstellung recht unproblematisch ist. Allerdings kann es dadurch zu einer Verwandlung von Stadt- in Landmenschen und umgekehrt kommen, was Sie als ihren Herrn und Meister möglicherweise unvorbereitet trifft.

*Erkunden Sie die neue Umgebung
gewissenhaft und stellen Sie zügig
durch Markieren und Verbellen
Ihre dominierende Position im neuen
Territorium klar.*

Klären Sie die nähere Umgebung der neuen Menschenhütte rasch und sorgfältig und eliminieren Sie rigoros potenzielle Bedrohungen für Ihren zweibeinigen Liebling. Bei einem nur temporären Umgebungswechsel brauchen Sie hier deutlich weniger Aufwand zu betreiben, weil Ihr Aufenthalt ja nicht auf Dauer ist.

Kapitel 24

Der Mensch im Umgang mit anderen Menschen

Es gibt bei den Menschen im Kommunikationsverhalten untereinander erstaunlich viel Parallelen zu unserem eigenen Kommunikationsverhalten – vor allem, was das Verhältnis zwischen Rüdchen
und Weibchen angeht und die Umgangsweise zwischen Welpen,
Jüngeren und Älteren. Viele Hunde werden aber durch diese Gemeinsamkeiten dazu verleitet, zu glauben, dass sich Menschen untereinander auch ansonsten ganz so verhalten wie wir auch – das
aber ist ein gefährlicher Irrtum, der mitunter böse Folgen nach sich
ziehen kann. Es ist immer wieder wichtig zu betonen: Der Mensch
ist kein Hund!

Menschen brauchen den Kontakt zu ihren Artgenossen, sie suchen
diesen in der Regel auch selbst aktiv und aus eigenem Antrieb. In
jedem Fall sollte dies vom Hund nach Kräften gefördert werden.
Ohne die Gesellschaft von Artgenossen werden Menschen schon
nach kurzer Zeit apathisch, mürrisch, gereizt und depressiv. Wichtig
ist aber, dass der Hund bei solchen
Begegnungen immer ein waches
Auge auf seine Menschen hat.

*Menschen sollten
im Kontakt zu
Artgenossen niemals
unbeaufsichtigt
bleiben!*

Ganz unterschiedlich sind Men-
schenbegegnungen im Freien, zu
Gast bei anderen Hunden und in
Ihrer Hütte zu betrachten.

Im Freien oder zu Gast bei anderen Hunden verlaufen die Begegnungen der Menschen untereinander aus Sicht des verantwortli-
chen Hundes meist unproblematischer. Wenn Ihr Mensch zum
Beispiel beim gemeinsamen Spaziergang auf andere Menschen

trifft, wird er in der Regel aus dem Instinkt heraus nur den Kontakt zu Menschen suchen, die ebenfalls in Begleitung von Hunden sind, deutlich seltener als den Kontakt zu frei herumlaufenden Menschen. Diese Begegnungen sind meist nur von kurzer Dauer. Der Mensch bleibt dabei grundsätzlich in aufrechter Position stehen. Körperkontakte beschränken sich höchstens auf das Schütteln der rechten Pfote. Das liegt auch daran, dass der Mensch sich wegen seiner langen Beine meistens nur dann hinsetzt, wenn er hierfür ein geeignetes Untergestell findet. Sein fehlendes Fell führt zudem dazu, dass er eine große Scheu hat, sich im Freien auf eine Wiese oder in einen Wald zu setzen. Im Gegensatz zu Hunden verzichtet der Mensch bei diesen Gelegenheiten fast immer darauf, den anderen Menschen zu beschnuppern. Stattdessen bellen sich die Menschen nur an, halten aber sicherheitshalber Abstand zueinander.

Auf uns Hunde wirkt diese Art gegenseitiger Begrüssung gelinde gesagt befremdlich. Da Menschen frontal aufeinander zugehen und sich dabei auch noch direkt in die Augen schauen, anstatt mit zunächst abgewendetem Blick ein- oder zweimal umeinander herumzugehen und erst dann näheren Kontakt aufzunehmen, wie das jeder Hund mit guten Manieren tun würde, erscheint uns ihr Benehmen unhöflich und respektlos. Hier wird einmal mehr deutlich, wie gefährlich und irreführend es ist, Verhaltensweisen des Menschen zu verhundlichen. Der Mensch tut hier nichts anderes, als sich artgerecht zu verhalten.

Lassen Sie den Menschen eine Weile gewähren. Meist dreht sich der Austausch zwischen den Menschen ohnehin um sie. Die Menschen versuchen sich bei diesen Begegnungen gegenseitig zu übertrumpfen, in dem sie ihren Hund als besonders klug und schön beschreiben. Solange das nicht völlig albern und peinlich wird, können Sie das ruhig durch treuherzige Blicke und lautes Hecheln unterstützen. Ihr Mensch wird es Ihnen danken. Wenn Sie finden, dass die Begegnung lange genug gedauert hat, reicht meist ein kurzes Ziehen an der Leine, höchstens noch ein kurzes, energisches Bellen, dass der Mensch die Begegnung abbricht und weitergeht.

Bellt Ihr Mensch plötzlich lauter und nimmt sein Gesicht dabei eine rötliche Färbung an, ist Gefahr im Verzug. Der erfahrende Menschenhalter wird dann durch energisches Bellen dafür Sorge tragen, dass der Kontakt sofort abgebrochen wird. Meistens wird er dabei von dem anderen Menschenhalter aktiv unterstützt.

Vermeiden Sie in Gegenwart des Menschen unbedingt, einem anderen Menschenhalter Vorwürfe wegen der schlechten Erziehung seiner Menschen oder aus anderen Gründen zu machen. Fast alle Menschen reagieren panisch, wenn sich Hunde in ihrer Gegenwart streiten.

Wenn sich Menschen in der Hütte anderer Hunde treffen und sich dort miteinander hinsetzen – in praktisch allen Hütten befinden sich hierfür ausreichend Sofas, Stühle oder Sessel – können Sie sich auf einen längeren Aufenthalt einstellen. Solange Menschen sich in sitzender Position befinden, sind sie friedlich und harmlos. Sie bellen viel während dieser Begegnungen, meist aber relativ leise. Nach längerer Aufnahme von Getränken kann es aber sein, dass ihre Stimmen lauter werden. Die meist einhergehende rötliche Färbung ihrer Gesichter ist ein Zeichen von Angeregtheit, seltener aber von Wut. Alarmiert müssen sie erst sein, wenn Ihr Mensch bei solchen Anlässen plötzlich aufsteht und laut zu bellen beginnt. Dann kann die Stimmung kippen und es drohen aggressive Verhaltensweisen.

In solchen Fällen sind der eigene Mensch durch lautes Bellen, fremde Menschen durch einen kurzen, aber spürbaren Biss in die Wade oder je nach Ihrer Körpergröße wahlweise auch ins Bein zur Räson zu bringen.

Interessanterweise verbleiben Menschen auch über viele Stunden in sitzender Position, sie legen sich fast nie während solcher Begegnungen hin, auch nicht, wenn sie bereits sehr erschöpft sind. Es gibt hierzu verschiedene Theorien, wissenschaftlich ist das aber noch nicht geklärt.

Für den Menschenhalter heißt es, sich einen Platz in der Nähe zu suchen, der einerseits sichert, dass alle Menschen in der Hütte und andererseits alle Türen und Fenster, da von dort feindliche Eindringlinge kommen können, gleichermaßen im Auge behalten werden können.

Machen Sie sich immer bewusst, dass Menschen nicht in freier Wildbahn überleben könnten und keinerlei Gefahrenbewusstsein haben.

Bewachen Sie Ihre Menschen sorgfältig und behalten Sie die anderen Menschen genau im Auge. Sie können, wenn die Situation entspannt ist, auch kurz zu einzelnen Menschen herübergehen. Meist wird diese Aufmerksamkeit durch dankbares Kraulen und Streicheln erwidert. Das sind Gesten der Unterwürfigkeit, die der erfahrende Hund deshalb nie zu überschwänglich erwidern sollte, so possierlich das auch aussehen mag. Ruhige, souveräne Gelassenheit zeichnet vielmehr den erfahrenden Menschenhalter aus. Sie können auch Menschen die Hand lecken oder das Gesicht und sich kurze Zeit zu ihnen legen, sofern das ihre Wachsamkeit nicht beeinträchtigt. Bedenken Sie, dass der Mensch viel Zuwendung braucht. Er wird in solchen Momenten immer seinen Kontakt mit anderen Menschen unterbrechen und Ihnen, seinem Herrn und Meister, seine primäre Aufmerksamkeit schenken.

Komplizierter wird es, wenn der Mensch andere Menschen in Ihrer Hütte trifft. Hier sind ungebetene von gebetenen Besuchern zu unterscheiden. Ungebetene Besucher wiederum unterscheiden sich zwischen solchen, die der Mensch in Ihre Hütte lässt und solchen, die er nicht hereinlassen möchte.

Besucher kündigen sich meist durch ein lautes Motorbrummen oder Klingelgeräusche an. Anders als Hunde verteidigt der Mensch sein Revier nicht, diese Aufgabe wird er Ihnen überlassen. Und bitte vergessen Sie nie: Das wird sich auch bei bester Dressur nicht ändern. Der Mensch ist kein Wachhund!

Der Mensch versucht, sein Revier stattdessen durch Geschenke an potenzielle Feinde zu schützen, um sie auf diesem Wege zu beschwichtigen. Dazu sammelt er Teile seines Futters in einer Tonne, die er einmal die Woche vor Ihre Hütte stellt. Die feindlichen Menschen kommen regelmäßig und holen den Inhalt dieser Tonne ab. Abgewöhnen können Sie dem Menschen dieses Verhalten nicht, es entspricht seiner Natur und seinem Instinkt.

Durch energisches Bellen müssen Sie aber verhindern, dass die Eindringlinge sich nicht mit der Tonne begnügen, sondern auch noch weitere Essensvorräte aus Ihrer Hütte entwenden.

Menschen sind meist nicht sehr mutig. In aller Regel reicht deshalb ein beharrliches, lautes Bellen, damit die feindlich gesinnten Menschen sich nicht in Ihre Hütte trauen, sondern wieder unverrichteter Dinge abziehen. Weitere ungebetene Besucher, die sich Ihrer Hütte nähern, können ebenso wirksam verbellt werden. In den meisten Fällen ziehen die Eindringlinge mit beschleunigtem Schritt dann wieder ab und gehen einfach an Ihrer Hütte vorbei.

Gehen Sie niemals davon aus, dass es mit einem einmaligen Verbellen getan ist. Menschen haben kein Langzeitgedächtnis wie wir Hunde, sondern werden immer wieder versuchen, Zutritt zu Ihrer Hütte zu bekommen, selbst wenn Sie ihnen noch am Vortag gezeigt hatten, dass sie unerwünscht sind.

Besonders hartnäckige Eindringlinge trauen sich dann zwar nicht in Ihre Hütte, aber sie werfen, um die Gunst Ihres Menschen zu gewinnen, Geschenke in Form von Tüten und Beuteln in einen dafür vorgesehenen Kasten, den ihr Mensch täglich leert. Manchmal sind sie danach mutig genug, zu klingeln und versuchen diese Geschenke persönlich Ihrem Menschen zu übergeben. Dieser wird die Eindringlinge aber nicht bitten, einzutreten. Ihr Mensch bleibt stattdessen draußen vor der Tür mit Ihnen stehen, in aufrechter, aber angespannter Position. Er wird dem anderen Menschen weder die Pfote schütteln noch ihn umarmen. Sie wissen damit sicher, dass der Eindringling unerwünscht bleibt. Auch hier reicht in der Regel lautes Bellen, damit er wieder abzieht, ohne eine weitere Bedrohung darzustellen. Notfalls hilft ein kurzer Biss in die Wade, je nach Ihrer Körpergröße alternativ auch ins Bein. Aber nicht zu feste, Menschen sind sehr schmerzempfindlich.

Was aber, wenn Ihr Mensch andere Menschen in Ihre Hütte bittet? Sie erkennen den gebetenen Besucher leicht an der Körperhaltung Ihres Menschen. Ihr Mensch macht in diesem Fall beim Öffnen der Tür einen Schritt zur Seite und wedelt dabei mit den Vorderpfoten. Wichtig ist, dass Sie in dem Moment Ihre Position als Rudelführer nicht in Frage stellen lassen. Der Mensch ordnet sich Ihnen zwar instinktiv bereitwillig unter, aber wenn Sie Schwäche zeigen, besteht die Gefahr, dass er in die Wahnvorstellung verfällt, er sei der Herr in Ihrer Hütte. Wenn das einmal passiert ist, ist das schwer, den Menschen wieder umzuziehen. Deshalb sind folgende Regeln unbedingt und immer einzuhalten.

Sie sind als Erster an der Tür, Sie
begrüßen den Besucher und machen ihm
Ihre Führungsposition durch lautes Bellen
klar. Lassen Sie niemals den Menschen
vor Ihnen an der Tür sein!

Wenn Ihr Mensch die Tür öffnet, springen Sie den Besucher an. Bei mehreren Besuchern achten Sie darauf, Ihre Aufmerksamkeit gleichmäßig aufzuteilen. In der Regel werden die Besucher respektvoll zurückweichen und danach ihrer Freude durch Bellen und Wedeln mit den Armen kundtun. Sie werden Ihnen ihre Demut meist durch das Ausstrecken ihrer Pfote bekunden. Menschen schütteln sich ihre Pfoten. Das sollten Sie nicht tun. Nehmen Sie stattdessen den Geruch des Menschen auf - wenn Sie wollen, können Sie ihm auch durch ein kurzes Lecken oder Schwanzwedeln signalisieren, dass er in Ihrer Hütte willkommen ist. Menschen machen das übrigens nicht. Allerdings können sie ihrer Freude durch ein Minenspiel ihres Gesichtes Ausdruck verleihen. Dieser an eine Art Zähnefletschen erinnernder, aber völlig anders zu interpretierende Gesichtsausdruck ist gleichsam das Schwanzwedeln des Menschen.

Danach werden die Menschen sich auf einem geeigneten Untergestell niederlassen. Sie können sich jetzt entspannen und im Wesentlichen so weiter verfahren, wie oben beschrieben.

Kapitel 25

So behalten Sie Ihre Freude am Menschen – alles Wichtige noch einmal auf einen Blick!

Mit der Anschaffung eines Menschen gewinnen Sie einen treuen, anhänglichen und sehr gelehrigen Kameraden, der – so sagt man - mehr als 4000 verschiedene Laute voneinander unterscheiden und den jeweiligen Alltagssituationen zuordnen kann. Der Mensch wird die wichtigsten ihm beizubringenden Grundregeln problemlos erlernen und verstehen – ob er sie dann auch immer befolgen wird, ist freilich eine ganz andere Frage.

Beachten Sie bei der Anschaffung eines Menschen, dass dieser über 560 Jahre alt werden kann. Eine vom Menschenhalter oft unterschätzte Konsequenz hieraus ist, dass Ihr Mensch Sie in aller Regel überleben wird und danach in neue Pfoten gegeben werden muss.

Für den Menschen ist der Tod des Hundes als seinen Herrn und Meister immer ein überaus schmerzhafter Einschnitt. Über die daraus resultierende vorübergehende Einsamkeit und Schutzlosigkeit, bis der Mensch wieder in neue Pfoten kommt, hinaus, ist zu beachten, dass Menschen genau wie wir Hunde auch durchaus sehr intensive Gefühle entwickeln können und zum Trauern genauso imstande sind wie wir.

Es gibt Berichte, nach denen Menschen in ihrer Trauer etwas machen, was sie in der ganzen Lebzeit des Hundes vorher selbst im Umgang mit hochwertigen Nahrungsvorräten nicht gelernt haben: Als Zeichen der Wertschätzung nämlich den Hund zu verbuddeln. Dies macht der Mensch auch beim Tod von Artgenossen. Diese Geste ist umso bemerkenswerter, weil sie für den Menschen ganz offensichtlich eine enorme Selbstüberwindung darstellt, da ihm das Verbuddeln etwa von Knochen im Alltag normalerweise völlig wesensfremd ist.

Dass der Mensch in der Stunde größter Trauer also instinktiv gängige und ihm sonst völlig fremde Verhaltensweisen des Hundes imitiert, kann deshalb als Geste vom Menschenhalter gar nicht hoch genug eingeschätzt werden.

Die meisten Menschenhalter sind sich trotz der damit verbundenen Arbeit und des höheren Stresses darin einig, wenn sie die Erfahrung einmal machen durften, dass es nichts Schöneres gibt als eine Hütte voller Menschen!

Was Sie unbedingt beachten müssen: Ihr Mensch wird seine Artgenossen im Werben um Ihre Gunst immer als Rivalen behandeln. Verhalten Sie sich bei diesen Machtkämpfen unbedingt strikt neutral, bevorzugen Sie niemals in Anwesenheit ihrer Artgenossen einzelne Menschen aus Ihrem Rudel und verteilen Sie Ihre Gunst gleichmäßig.

Berücksichtigen Sie bei der Aufzucht und der Pflege Ihres Menschen seinen Hang zur Wehleidigkeit. Er wird selbst bei kleinen Verletzungen immer dafür Sorge tragen, dass nicht nur alle Artgenossen, die sich in seiner Reichweite befinden, sondern insbesondere auch Sie als sein Herr und Meister sein Ungemach auf das Ausführlichste mitbekommen und wird sich ausgiebig von Ihnen bedauern lassen.

Für die Behandlung der meisten Krankheiten gilt:

Legen Sie sich zu Ihrem Menschen, schmiegen Sie sich eng an ihn und wärmen Sie ihn mit Ihrem Körper. Erfrischen Sie ihn durch Abschlecken seines Gesichtes.

Aus der tief im Menschen verwurzelten und genetisch festgelegten Angst, zu verhungern, ergibt sich anders als beim Hund, dass das Essen für den Menschen auch heute noch eine ganz besondere geradezu rituelle Handlung darstellt. Stellen Sie sich darauf ein! Geben Sie ihm aber niemals von Ihren Nahrungsvorräten etwas ab – Ihr zweibeiniger Liebling verträgt keine Hundekost.

Der Mensch traut sich nur begrenzt und bestenfalls unter Ihrem Schutz, sein Territorium offensiv zu verteidigen. Er wird stattdessen eher versuchen, sich durch Beschwichtigen seiner potenziellen Feinde mit Hilfe von Tributen und durch Verstecken zu schützen. Rüdchen bringen Weibchen deshalb bei einer Begegnung in deren Hütte häufig vorher ausgerissene Pflanzen aus dafür eigens angelegten Vorratslagern mit. Besucher Ihres Menschen werden versuchen, Sie als dessen Herrn und Meister meist durch feierliche Übergabe von getrocknetem Fleisch bei der Begrüßung gnädig zu stimmen.

Wenn Sie auf Menschen im Welpenalter treffen, müssen Sie besonders viel Geduld und Einfühlungsvermögen mitbringen. Deren Vorteil ist aber, dass sie noch auf allen Vieren laufen können – eine Fähigkeit, die der Mensch später verliert!

> Das beiläufige Markieren seines Reviers während des Spazierganges wird Ihr Mensch niemals beherrschen.

Statt sein Bein zu heben, sichert er sein Territorium durch umständlich gebaute Zäune und Mauern ab. Aus diesem Grunde verzichtet er verständlicherweise aufgrund des damit verbundenen Aufwands unterwegs gänzlich darauf. Der Mensch ist damit nicht in der Lage, sich unterwegs zu markieren.

Menschen haben anders als wir Hunde kein Zeitgefühl. Sie können deshalb nicht unterscheiden, ob ein Vorgang 10 Sekunden, 10 Minuten oder 10 Stunden dauert. Es kann Ihnen folglich passieren, dass Ihr Mensch erst lange Zeit nach Verlassen der Hütte freudestrahlend mit zufriedenem Bellen zurückkehrt, als sei er nur eben mal kurz ein Bein heben gegangen.

*Ihr zweibeiniger Liebling
braucht eine starke
Pfote.*

Der Mensch lernt schnell, speichert einmal gemachte Erziehungsfehler in seinem Gehirn sofort ab und wird sein künftiges Verhalten konsequent daran ausrichten. Achten Sie insbesondere darauf, dass Sie als Rudelführer immer zuerst begrüßt werden und dass Ihr Mensch erst danach anwesende Artgenossen begrüßt – niemals in umgekehrter Reihenfolge!

Beachten Sie beim Umgang mit wildlebenden Menschen, dass die meisten Menschen gutartig und wenn nicht, dann eher Angstbeller oder Angstwerfer als bösartig sind. Wenn Sie einen ohnehin nur im Umgang mit streunenden, niemals aber im Umgang mit Ihren eigenen Menschen geeigneten Biss zur Disziplinierung im Einzelfall als zu streng empfinden , hat sich als Erziehungsmethode bewährt, eine Vorderpfote oder einen Hinterlauf des streunenden Menschen fest mit beiden Pfoten zu umklammern und dann auf und ab zu hüpfen, ohne dabei los zu lassen.

Trennungsängste ziehen sich wie ein roter Faden durch den gesamten Alltag Ihres zweibeinigen Lieblings. Mindestens ein halbes Dutzend Mal am Tag werden Sie, wenn Sie gerade einmal Ihre wohlverdiente Ruhe genießen möchten, ein lautes Bellen eines Ihrer Menschen hören, das phonetisch in etwa „Wo ist der Hund? Hast Du den Hund gesehen? Gottseidank da ist er ja" klingt. Ihre Menschen rennen dann völlig aufgelöst mit rot angelaufenem Gesicht, angstvoll geweiteten Augen und heftigem Wedeln ihrer

Vorderpfoten durch die Menschenhütte, suchen nach Ihnen in jedem möglichen und unmöglichen Winkel und reagieren mit überschwänglicher Freude und Erleichterung, wenn sie Sie dann endlich gefunden haben.

Der Mensch braucht, um sich wohlzufühlen, klare Strukturen und einen klar definierten Platz im Rudel. Auch untereinander erarbeiten die Menschen in kurzer Zeit meist altersgestaffelt eine eigene Hierarchie. Sie erkennen den ausgesuchten Leitmenschen daran, dass dieser fortan die Nahrung mitbringt und federführend ihre Zubereitung vornimmt. Die anderen Menschen halten sich mit respektvollem Abstand in unmittelbarer Nähe auf und sehen zu.

Orientieren Sie sich zur Klarstellung Ihrer Position als Rudelführer immer an diesem Leitmenschen!

Ihr zweibeiniger Liebling wird immer Ihre Nähe suchen und mit Ihnen zusammen den Tag verbringen wollen. Er braucht viel Zärtlichkeit und Körperkontakt. Dabei verwendet er überwiegend seine dank einzeln bewegbarer Krallen sehr geschickten Vorderpfoten nur in Ausnahmefällen aber seine Zunge und praktisch nie seine Nase.

Dank seiner raschen Auffassungsgabe und seiner Gelehrigkeit lässt sich Ihr zweibeiniger Liebling hervorragend dressieren und man kann ihm problemlos kleine Kunststücke beibringen!

Eine Dressurübung beispielsweise nennt sich „Einsammeln und Entfernen". Verwenden Sie hierzu in der Menschenhütte liegende Tücher, Felle, Papiere oder andere leicht zerreißbare Gegenstände, die Sie in möglichst kleine Teile zerfetzen. Ihr Mensch darf diese daraufhin mit seinen Vorderpfoten aufsammeln und in einen dafür geeigneten Behälter schütten.

Achten Sie zur Vermeidung von Unterforderungen darauf, dass die aufzuhebenden Teile möglichst klein und zahlreich sind.

Wegen seiner körperlichen Unzulänglichkeiten benötigt Ihr Mensch selbst für einfachste Alltagsaufgaben vielfältige, manchmal geradezu skurril anzusehende Hilfsmittel und Werkzeuge. Egal ob beim Öffnen eines Nahrungsbehälters, wofür er extra komplizierte Geräte anfertigt, statt einfach die Zähne zu nehmen, oder beim Gehen im Freien, wozu er seine Pfoten vorher mit Leder gegen den harten Untergrund umwickeln muss – überall begleitet Ihren Menschen das im Alltag!

Trotz seines schlechten Geruchssinnes wird Ihr Mensch seine Notdurft nicht willkürlich in der Hütte verrichten, sondern dafür einen festen Platz auswählen, den er danach auch bis an sein Lebensende beibehält. Zur Verrichtung seiner Notdurft setzt er sich auf ein meist weißes, über einem Fluss angeordnetes Gestell. Die Beendigung der Notdurft zeigt der Mensch durch ein gurgelndes Geräusch an.

> Der Mensch weiß genau, dass Sie als sein Herr und Meister allein entscheiden, wer sich wo in seiner Hütte niederlässt. Und er weiß folglich, dass Ihr Körbchen für ihn tabu ist.

Ihr Mensch wird oft versuchen, mit Ihnen so zu spielen, dass er Ihr Futter versteckt, indem er es in besondere Fächer steckt. Er freut sich immer unglaublich, wenn Sie das Futter finden, indem Sie den richtigen Kasten öffnen und übersieht dabei völlig, dass Sie das Futter über Ihren ihm fremden Geruchssinn mühelos identifizieren und er sich das Verstecken eigentlich sparen kann. Tun Sie ihm aber den Gefallen und machen Sie mit! Ihr Mensch weiß es nicht besser. Beachten sie immer bei Spiel und Sport: Ihr Mensch ist kein Hund!

Über das gemeinsame Spazierengehen ergibt sich für Sie eine ideale Möglichkeit, Ihren zweibeinigen Liebling sinnvoll zu beschäftigen. Ihr Mensch braucht täglich seinen Auslauf. Die Schwierigkeit dabei ist nur, dass Menschen sich lediglich auf ihren beiden Hinterläufen statt auf allen Vieren fortbewegen können. Aufgrund dieses Handicaps und ihrer Körpergröße – Menschen können in aufrechter Haltung Höhen von bis zu zwei Meter erreichen – haben Menschen das Problem, dass sie beim Spazierengehen nur sehr begrenzt Bodenkontakt aufnehmen können.

Zum Raufen können Sie Spielsachen wie Decken, Handtücher oder Stofftiere verwenden. Nehmen Sie das eine Ende des Spielzeugs fest in Ihr Maul und lassen Sie den Menschen am anderen Ende mit seinen Vorderpfoten ziehen. Das Ziel des Spiels versteht Ihr Mensch sofort: Wer als erster loslässt, hat verloren. Besonders gerne hat es Ihr Mensch, wenn Sie dazu persönliche Gegenstände von ihm statt Ihre eigenen Sachen verwenden. Ideal geeignet sind Kleidungsstücke aller Art, je feiner und leichter, desto besser.

Wenn Ihr Mensch nach einem vorübergehenden Umgebungswechsel zurückkehrt, begrüßen Sie ihn freudig, aber vernachlässigen Sie dabei nicht Ihre zwischenzeitlich aufgenommenen Menschen!

Machen Sie ruhig deutlich, dass Sie Ihre Zuneigung fortan gleichmäßig verteilen und auch vom Wohlverhalten des jeweiligen Menschen abhängig machen.

Menschen sind meist nicht sehr mutig. In aller Regel reicht deshalb ein beharrliches lautes Bellen aus, dass die feindlich gesinnten Menschen sich nicht in Ihre Hütte trauen, sondern mit beschleunigtem Schritt wieder unverrichteter Dinge abziehen.

Für den Menschenhalter heißt das im Alltag, sich einen Platz in der Nähe Ihrer zweibeinigen Lieblinge zu suchen, der einerseits sicherstellt, dass alle Menschen in der Hütte und andererseits alle Türen und Fenster, da von dort feindliche Eindringlinge kommen können, gleichermaßen im Auge behalten werden können.

Wenn Sie all dies beherzigen, werden Sie viel Freude mit Ihren Menschen haben. Vergessen Sie nie: So stressig der Alltag mit ihnen sich auch mitunter darstellen mag, nichts auf der Welt kann Sie besser für all das entschädigen als ein dankbarer Blick aus großen, treuen Menschenaugen oder ein zärtliches Kraulen!